光明城

LUMINOCITY

看见我们的未来

当代建筑思想评论 _ 丛书
Book Series of Contemporary Architectural Thoughts and Critiques

花园里的花园

金秋野 著

上海·同济大学出版社
TONGJI UNIVERSITY PRESS

目　录

花园里的花园：
杰弗里 · 巴瓦和他的“顺势设计”[1]

到南亚人家做客要打赤脚，以示对主人的尊重。在科伦坡 33 街的巴瓦自宅（Bawa House in 33rd Lane，1960—1998）中，赤脚走在与墙壁漆成一色的光洁地面上，你会明白这行为的意思绝非礼仪本身。「打赤脚是一种生活方式，也是看待生命的一种态度。水泥抹灰的地面自带八分硬度，表面涂有清漆，一尘不染又凉丝丝的，是大地自带的清凉，在南亚的溽热中与身体相宜。转过弯去，地面变成未经修饰的陶土砖，表面凸凹不平，但同样坚硬、清凉、一尘不染。巴瓦把地表看得格外重要，但无论是浅色砂浆抹灰、红砖还是石头，都带有相似的“脚感”，又略微不同，区分出不同的空间领域。

[1] 原载《建筑学报》2017 年第 3 期第 1-5 页。
文章名来自巴瓦为自己的卢努甘卡庄园撰写的说明“A Garden in a Larger Garden”，in: Geoffrey Bawa etc. Lunuganga. Marshall Cavendish Editions, 2006: 9.

1

科伦坡 33 街的巴瓦自宅的地面。
金秋野拍摄，2016 年 2 月

2

阿瓦尼酒店雨水口下的砂岩粒。
金秋野拍摄，2016 年 3 月

阿瓦尼酒店檐外池边，脚下变成了赭红色砂岩粒，依旧清洁无尘，可以赤足通过[2]。在巴瓦设计的住宅、旅馆，甚至公共建筑里，客人最好除去鞋子，换上宽松的卡斐绸或麻布长衫，赤足穿过廊子，在朝向水池的铁椅上坐定，感受拂过明黄色庭院的、带有素馨花香的熏风，你会明白巴瓦为何喜欢这些坚硬而不加修饰的材料——印度洋的季风使它们变柔软。

在我曾造访的建筑作品中，巴瓦的房子最懂得照顾人的感官。与阿尔托（Alvar Aalto）的细致周到不同，巴瓦的空间洗练放松，规矩平实，无意于将四周封闭起来。它倒像一个通透的过滤器，洗去泥巴，拔掉尖刺，让风光雨露宜于敏感的身体知觉。饱学之士大概会断言巴瓦深谙现象学，殊不知他最讨厌现成学问，认为它玷污了建筑的清白。好的建筑是与自然直接对话的结果。[2]

巴瓦的设计生涯起于花园而终于花园，他有限的书本知识不足以应对精密的制图，此事尽人皆知。人们却不一定能想象，一生中有多少个周末，巴瓦在卢努甘卡花园（Lunuganga，1948—1998）中仔细观察、反复斟酌，耐心等待植物长到理想中的高度。中部丘陵道路尽端的角落里散布着一些座椅，面向远方，是巴瓦晚年行动不便时指挥家仆修整花园的落脚点。周末像一些散落的时间碎片，将花园从大地中琢磨出来，表面上天然生动，其实草木间无不是精心打理的痕迹。作为人工环境，卢努甘卡花园将地形、建筑、植物、器物不加区分地编织在内，又精心融入远山湖泊，使用最接近于自然的设计语言，将天地纳入建筑。巴瓦没有用理论语言定义这种独特的建造态度和自然观念，他只是称之为“花园里的花园”（garden in a larger garden），即是说，在湖山的大花园里经营一个人的小花园。卢努甘卡的主屋是原址的改造和加建，画廊为牛棚改成，客舍造在断壁之上，其他一些新旧房子彼此不加区分地融合在一起。巴瓦不太看重建筑本身，因为在他的观念中，房子与台阶、树木、围墙、水池具有同等的分量，建筑师的思考理应超越前例风格、结构等建筑学“内部”的学问，延伸到万事万物。人不仅可以建造房屋，也可以建造自然，素材就是自然本身[3]。

[2] “当一个人像我一样，从设计一个建筑和将其建成中获得这么多愉悦时，就能理解为什么我觉得无法以分析或规则来精确地描述每一个步骤……我非常确信根本不可能用语言来描述建筑……我一直很享受参观建筑，但不喜欢阅读有关它们的解释……建筑无法被完整地解释，必须被体验。”参见：大卫·罗布森《杰弗里·巴瓦作品全集》，悦洁译，同济大学出版社，2016 年，第 148 页。

3

卢努甘卡庄园远景，东平台。
金秋野拍摄，2015 年 10 月

4

卢努甘卡庄园主屋。
金秋野拍摄，2015 年 10 月

巴瓦是用天地的大物料场来营建自己的小花园的，他的素材包括现成的土丘、稻田、牛油果树和素馨树、基地上旧有的房屋和断壁残垣、17 世纪的柱廊、从意大利带回的雕像残片、雕塑家朋友手造的石瓮和绘制的壁画、葡萄牙殖民时期留在乡间的中国大水缸……巴瓦的工作是历史上所有造园者的工作——整山理水。在近半个世纪的岁月中，巴瓦移去大部分橡胶林，拆掉原有宅院的围墙，改变入口方向，延伸廊下空间，搭建观景台，平整场地，修建廊桥，将村路隐藏在植被之下，又削低斜坡，将湖心岛上的塔尖迎入视野。为了防止北面岛屿被过度开发，巴瓦不惜将之买下，这说明他的设计范围是以目力所及的自然景物为界，而彼处早已超出了用地范围。以肉桂山为中心，以人的视野为半径，越远着力越少，最终经营的只是主屋所在的山丘 4。[3]

这座山丘自然多姿，有着丰富的道路系统和若干建筑群落，是作为一个完整的人工环境来构思的。这里最能体现巴瓦的思想——顺势设计。其特征在于：弱化建筑单体，强调环境关系；将植被、地形、水体、新的或旧的建筑一概视为原始素材，无差别地纳入环境营造；以干涉最小、轻盈简便的方式施工；注重环境的人文品质而不是技术表现，建造的目的是全方位的感官愉悦；等等。离开了这一点去看巴瓦的设计，仅从现有的理论范畴如地域

[3] 参见：Geoffrey Bawa etc. Lunuganga；大卫·罗布森《杰弗里·巴瓦作品全集》，第 244-266 页。

主义、绿色建筑等去考察，是不能了解巴瓦的设计哲学的。一方面，这些作品可以说延续着纯正的功能主义传统，简练直率；另一方面，它的立意又远在节能、环保等现实关怀之外。巴瓦很少使用空调，却不是为了节能，而是为了舒适。在他的观念中，穿堂风是优于多数空调环境的。然而，假如对某些地方来说空调环境优于穿堂风，巴瓦想必不会出于节能的主张而弃之不用。在他的建筑世界里，感官优先于理念，因为它符合人文与自然的双重标准，又合乎常识。

比方说，一片疏朗的树林通常比旷野更令人感觉适宜，能替人遮挡风雨、抵御寒暑，太阳光穿过树叶带来的美好视觉享受更是其派生出的乐趣。人造环境难道不正应该向树林学习吗？对场地上的植被，巴瓦能不动就不动，“顺势设计”意味着以较小的付出最大限度地保存自然之美，何乐而不为？

但建造并不是为了“保存”自然，而是为了赋予自然“人文”的面貌，或者反过来说，营造“自然态”的人工环境。巴瓦保留清凉的赤足地面，将身体与环境之间的隔离物（鞋子或地毯）取消，也表明了这层用心，因为现代物质环境是以“隔离”来定义人工与自然的边界的。与巴瓦的“花园里的花园”形成对照的，是路易斯·康（Louis I. Kahn）对建筑的定义：“世界中的世界”。[4] 康通过繁复的几何操作，用演绎法生成精密的建筑空间，编织出万花筒般抽象的建筑环境，一种文字符号般精密纯净的“宇宙图示”：“建筑就是自然不能创造的东西。”[5] 康在萨尔克生物研究所（Salk Research Institute, 1959—1965）的中庭里没有布置树木，正是这种抽象到极致的环境观使然。现代建筑经典不乏这样的实例，建筑成为某种观念的极致表达和理性推演，并代表着某种宗教般的精神追求。巴瓦并未急着否定前辈开辟的精神之路，他只是依直觉走向另一个方向。

这种“自然态”的建造观，也体现在事务所的建筑图纸中。巴瓦做设计通常只用很少的工程图纸[6]，大量工作依靠设计草图和现场调试来完成。我们在《杰弗里·巴瓦作品全集》（下文简称《全集》）中看到的建筑图绘

[4] 戴维·B·布朗宁，等：《路易斯·I·康：在建筑的王国中》，马琴译，中国建筑工业出版社，2004 年，第 126 页。

[5] 路易斯·康 1963 年在耶鲁课堂上的谈话。

[6] 大卫·罗布森：《杰弗里·巴瓦作品全集》，第 153 页。

其实是一种“竣工图”或者“工程表现图”，它完成于工程结束之时，却表达植被生长达到最佳状态的情景[5]。[7] 从此植被将被修剪，保持图中的“理想状态”，有相对合宜的种类、高度、密度和比例，如同柱子和墙壁等建筑元素。巴瓦耐心地安排着理想世界中的一草一木、一砖一瓦，使其各就其位。相应地，这些图纸也就成为理想世界的理想图景，对应于布扎体系倾注于建筑自身的精密数学关系和细节分配，它们表达了远为庞杂却相对模糊的“万物美学”——巴瓦的“自然态”黄金比。巴瓦将建筑学意义上边被缘化的“配景”转变为建造活动的核心内容，强化了其与环境关系的同时，为“营造”一事注入时间维度。这些图绘所采用的莫卧儿王朝细密画风格，也佐证了巴瓦环境思想的东方基因。在仇英等画师赓续的传统工笔画中，万物就是以均等的重要性进入一个用心建构的“花园”，人物、建筑、服饰、花木、器物，毫发毕现，一一展现在观者面前。

我们不妨认真探讨巴瓦关于物质环境中的“万物”观念的独特性。卢努甘卡原本就是花园，自然地形和植被的重要性不言而喻；故而，置身高度密集的城市环境中的作品更能说明“顺势设计”的运行方式。科伦坡33街的巴瓦自宅并无一般意义上的“核心空间”，但也并不匀质。面对基地上原有的颇为简陋的传统坡屋顶住宅，巴瓦并未采用现代建筑的常规做法：拆或不拆，都引入一个全新的、与环境彻底脱开的语言体系，造一个“世界中的世界”。他是随物赋形，顺势接纳连续屋面下的四栋房屋，将内部空间稍作调整，用最小的人力成本和投资预算得到一个内向的“园宅”。重要的改变除了核心交通空间，就要数若干似连似断的庭院了。与庄园不同，自宅的建筑覆盖率高得多，庭院是作为建筑的“零余”而存在的，但它们却在各个环节成为感知的核心。巴瓦将不同尺寸的庭院插入不同位置，为空间赋予灵性。入口白色门廊中两处“袖珍”庭院故意高于地坪，像“盆景”般带来自然意态，功能上则提供采光和隐蔽的视线（其中一处可从巴瓦的卧榻瞥见）；核心起居空间的庭院在相对昏暗的室内环境中成为绝对的视觉焦点，也是室内的自然延伸，模糊了内外关系，并引出通往服务区域的路径。在较小的尺寸上，自然浓缩成一株紫藤、一片天空，变成具有空间和功能作用的“盆景”，

[7] 大卫·罗布森：《杰弗里·巴瓦作品全集》，第153页。

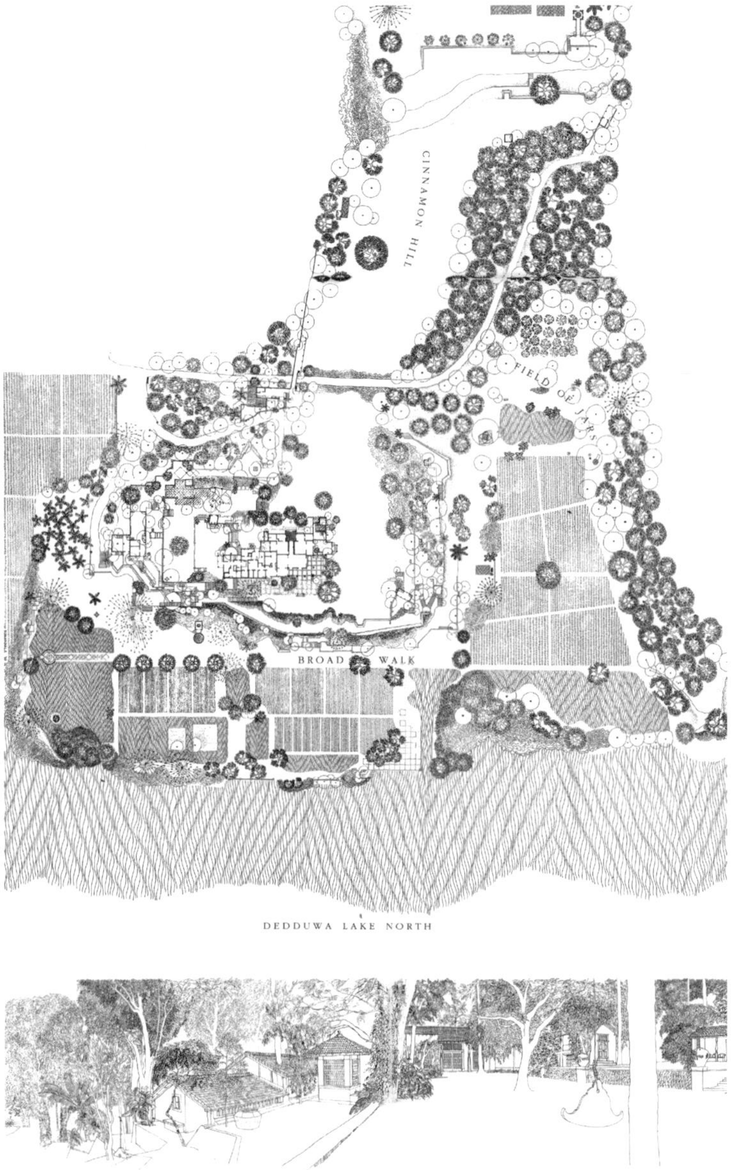

5

卢努甘卡总平面和局部透视。

出自：Geoffrey Bawa etc. Lunuganga. Marshall Cavendish Editions, 2006:20-21,124-125

6
科伦坡 33 街自宅入口走道旁的袖珍院落。
金秋野拍摄，2015 年 10 月

而与建筑空间等价[6]。在这里，原始的基地条件成为“地形”。巴瓦的做法类似于街头巷尾的自发性建造，以极轻便的动作完成任务。

同时，似乎是为了强化这个以建筑为主体的内向式“花园”的丰富物质属性，巴瓦将一大堆物件投入其间。这种投放绝不是随意的，物件都经过精挑细选，是储存了主人生活经历的“既往之物”。弗兰德（Donald Friend）手绘的木门安放在改造前的入口，卧室床头是从印度淘来的古代织毯，转角处挂着坎达拉玛酒店（Kadalama Hotel，1991—1994）猫头鹰雕塑的设计样品，二层客卧外的飘窗上是拉基（Laki Senanayake）为大阪世博会制作的金属叶子[7]。可以说，自宅中每一个物件、每一件家具，无论新旧，都与真实的生活经验有关，让巴瓦素白的现代室内重新拥有 19 世纪殖民时代庄园房间的亲切氛围。这是一种奇妙的组合，打破了建筑史中“布尔乔亚居所”与“包豪斯式现代住宅”间的二元对立。勒·柯布西耶（Le Corbusier）等现代建筑师通过“总体设计”将“无用的装饰品”请出现代居室，巴瓦又将它们请了回来。

这是一座私人博物馆，生活的百科全书，“物”的花园。古董并不因其年代久远而获得溢价，它的价值或许仅在于记录了一次难忘的私人旅行。巴瓦将个人情感深藏在内心的密室，又将人生故事通过家宅物品袒露于众人面前，隐晦的暴露欲就这样化成日常审美。这一切，连带庭院的措置安排都一丝不苟，却又带着洒脱和肆意，就像入口走廊采光井中那株小树下摔碎的花盆，记录着移植当日一个随性但充满诗意的动作，不假修饰见7。设计即摆放：这像是巴瓦提供的答案，揭示了他对时间的态度。南亚次大陆上古代遗迹层层叠叠，历史观念的贫乏却让人们对古迹缺乏现代意义上的敬畏，印度教寺庙变成耆那教的塔，又拆碎重组成为清真寺，这样的事情时有发生。启蒙观念切断了历史的延续性，将世界史分成一个古代世界和一个现代世界，一些物件被贴上标签，送进博物馆或变成文化遗产，从此不再参与生命轮回和物质循环。这一点，不仅拉斯金（John Ruskin）不赞同，巴瓦也用行动表示了不以为然。在印度南部马杜赖的俱乐部（the Madurai Club，1971—1974）设计中，业主要求全部建造素材来自方圆十公里之内，巴瓦动员了很多朋友搜集旧物，拼贴到建筑中。灵感或许来自意大利，那同样是个拥有漫长文明

7
科伦坡33街自宅的核心起居空间及庭院。
刘西革拍摄，2016年2月

历史的国度，斯卡帕（Carlo Scarpa）也曾将古代的门楣安放在现代花园的入口。但搜集旧物的做法肯定与自宅漫长的建造过程有关。我们都知道巴瓦对芭芭拉·桑索尼（Barbara Sansoni）等友人测绘古代建筑的随性态度，他似乎并没有现代知识分子“对历史负责”的文化自觉。对于古代的物品，他根据审美和用途进行归类，然后不加区分地将它们投入建筑中。同样地，抽象的知识传统像本地文化遗迹一样，在巴瓦的观念中并无特定的血缘身份归属，只要通过审美的考核就可随意取用。故而，巴洛克建筑的棋盘格手法被他用来做本托塔天堂之路别墅酒店（Paradise Road the Villa Bentota，1976—1985）的

8

灯塔酒店中庭的草坪和基地上保留的石头。
金秋野拍摄，2015 年 10 月

铺地，也用来布置卢努甘卡的水田。

《全集》的作者称这种做法为习惯性的“旧物拼贴”（Bricolage）。其实天底下并无“新”物，一切都是原本就存在的。所以巴瓦拼贴的对象何止旧物，似乎一切现实物品与抽象观念都能无区别地拼贴在一起，融化在他的建筑世界里，无论自然人工、东方西方、古代现代、新的旧的、死的活的、有用无用，彼此不相冲犯。自宅门口的月亮石、伊娜·迪·席尔瓦住宅（House for Osmund and Ena de Silva，1960—1962）檐下的古代石柱、灯塔酒店（Lighthouse Hotel，1995—1997）中庭的天然石头块和圆楼梯的巨型战斗雕塑[8]、本托塔

海滨酒店（Bentota Beach Hotel，1967—1969）水庭下方的城堡遗址和入口天花上俯瞰众生的金属章鱼（太阳神）雕像……在坎达拉玛酒店，甚至巨大的山岩、裸露的壁面、虬曲的古木和满山的猴子都成为建筑鲜活现场感的拼贴物；建筑简化到只剩框架，而后化身为巨大的取景器，将山岚、雾霭、晨昏朝夕、古代的人工湖和岛国最富盛名的遗迹——狮子岩（Siginya）拥入怀中。巴瓦真是把这个活生生的世界拼贴到极致。

其实现代建筑也是巴瓦拼贴游戏的素材之一。自宅中那座三层高的塔楼就是勒·柯布西耶的白房子，连屋顶花园都如出一辙；其他如卢努甘卡庄园的主屋卫生间和阿瓦尼酒店（Avani Hotel，原名 Serendib Hotel，1967—1970）的庭院走廊都带有鲜明的柯布印记。最能体现巴瓦对柯布的借鉴的，是那些雕塑式的楼梯及交通空间。本托塔海滨酒店餐厅和科伦坡 33 街自宅的楼梯都是如此[9,10]；坎达拉玛酒店入口处与岩石相切的素白壁面[11]，向前一直延伸到通往六层的楼梯口，也有鲜明的雕塑特征。巴瓦建筑的外观特征一般不太明显，交通空间反而像洞穴般充满体积感，似乎在纯粹功能性的部分巴瓦更乐意借鉴早期现代建筑独特的空间氛围。与亚洲的普罗米修斯——多西（B. V. Doshi）或坂仓准三等不同，巴瓦对现代建筑经典作品或知识系统似乎并不怀有天然的敬畏，亦步亦趋，他只是凭喜好或功能不加区分地“使用”之。例如葡萄牙筒瓦这种传统材料，巴瓦拿来与水泥波纹板贴在一起，不仅降低了造价和施工难度，且解决了防水、隔热、视觉效果等一系列问题。经此一步，传统僧伽罗—葡萄牙建筑的坡屋顶也得以贴入现代建筑的钢筋混凝土体系。

最终，在整体上，巴瓦对密斯（Mies van der Rohe）的匀质空间（Universal Space）情有独钟。当路易斯·康在 20 世纪 60 年代抛弃了均匀柱网并重返单元聚合之时，巴瓦让匀质空间融入乡土。在巴瓦并不太突出的个人设计语言中（这也恰好印证了赖特所谓“大自然没有风格”的判断），连续框架梁柱体系一直牢牢占据核心位置。巴瓦可以说是一位只用框架体系就造出无穷变化的建筑师，这或者缘于他专业知识的匮乏，或者是“适可而止”的建造态度使然。如果说早年的席尔瓦医生住宅（A.S.H. de Silva House,

9

本托塔海滨酒店餐厅的楼梯。
金秋野拍摄，2015 年 10 月

10

科伦坡 33 街自宅的楼梯。
金秋野拍摄，2016 年 3 月

11

坎达拉玛酒店入口处的塑性墙体和裸露的岩石。
金秋野拍摄，2015 年 10 月

1959—1960）只是对密斯“砖宅”平面构成的简单模仿，那么巴瓦晚年则语言洗练克制，随意的动作越来越少，跟密斯一样，仿佛是在试探修辞学的底线。无论是碧水酒店（Blue Water Hotel，1996—1998）的门廊还是坎达拉玛酒店的立面，似乎都是简化、平实化了的密斯，朴实无华，大开大阖。到了赤壁之家（Pardeep Jayewardene House，1997—1998），所有装饰和巧思都已荡涤一空，在巨大且略倾斜的钢结构水平屋面的覆盖之下，三组室外家具占据着规整网格下的自由空间，组成巴瓦钟爱的棋盘格，巴洛克和密斯无声地融为一体 12。巴瓦仿佛是在用建筑告诉我们：世界如此丰盛，唯简单的建筑才能安放于其中。

“顺势设计”同时意味着轻盈的物质操作。巴瓦多数的建筑都缺乏充足的资金，在杰作频出的20世纪60年代，更是面临锡兰全国性的经济衰退和进口限制，几乎没有趁手的材料，以至于席尔瓦医生住宅的水池只能采用玻璃碎片装饰。可以说，巴瓦建筑的本土化特征是被动适应的结果。与很多著名建筑师不同，巴瓦经手的项目几乎不会超预算，他也不会为了个人表现耗费业主的时间与金钱。巴瓦对待建筑的轻松态度，不仅表现在设计过程中，也可从最终的结果上获得印证。他在某篇文章中提出建筑三原则：满足建造的初衷、符合周围的环境、聪明且真实地运用材料。[8] 这种态度未免是实用主义的，建筑却往往因此而耐久，不像一些现代建筑，用粗劣的材料和想当然的施工方案表达炫酷的理念，最终却经不起时间的考验。

在建筑学的领域中，巴瓦也许并不是个勇敢的开拓者——以独特的个人探索延伸形式语言的疆域，他的优势在于综合。建筑史偏爱实验性和学院派，很多著名的经典案例其实是“费力”的设计，在观念上或许清晰迷人，建造上却既不轻盈也不简便，甚至自讨苦吃。苦心寻找“本质”、引经据典、演绎出复杂的空间形态、辅之以独创的结构方案、从环境中凸显自身的与众不同，似乎成了优秀作品的注脚。当“自我挑战”成为英雄信条，蕴含在建筑师职业中的神性或许得以彰显，现实却未必从中受益。在消费主义大行其道的今天，这种建筑更可能成为资本和传媒的共谋。巴瓦并未像柯布一样大声疾呼，从他的行动中也可看出其立场和态度。“顺势设计”不是建筑师的

[8] 见：巴瓦《一种建造方式》（A Way of Building），载《锡兰建筑年鉴》，1968年。出自大卫·罗布森：《杰弗里·巴瓦作品全集》，第66页。

12
赤壁之家。
金秋野拍摄，2016 年 3 月

逃避，而是对自己和世界的一个交代：如果空间审美被种种极致追求绑架，就无法呼吁人们自我克制，可持续的设计终究是一句空谈。

巴瓦的作品是关于“度”和“分寸”的成熟设计。作为设计师，巴瓦长于拿捏，知道何时开始、何时结束，不做无益的投入。他的房子也因此缺乏极致的空间表现，即使是斯里兰卡新议会大厦（New Parliament of Sri Lanka，1979—1982）这样的纪念性建筑，感觉依然是绅士风度、温文尔雅，强调“关系”而不是个体空间的原创性或造型的新鲜感。巴瓦的建造态度甚至可以说是带点中庸的，也因此避免了对传统、现代、乡土或自然的偏执信念。得益于独特的家庭背景，巴瓦的建筑事业以代表个人审美生活的“花园”为终始，具有特殊的重要意义。巴瓦不是启蒙主义或乌托邦的传人，不认为建筑可以改变世界，也反对理论对常识的践踏，无论面对建筑问题还是政治问题都是如此。身为伯格人，巴瓦事务所里有僧伽罗佛教徒、泰米尔印度教徒、帕尔西袄教徒和南印度穆斯林，一幅种族和信仰的拼贴画，这在观念冲突长期存在的南亚并不寻常。

巴瓦没有享誉世界的旷世杰作，但他提出的坡屋顶院落式居住方案却影响了斯里兰卡的城市形态，他所倡导的设计建造一体化、建筑环境一体化的设计理念和家庭作坊式的工作方式也影响了很多当代建筑师，如印度孟买工作室（Mumbai Studio）。巴瓦的职业生涯从私人宅园开始，个人对世界的想象和审美关注是他的终极问题，保证了他对世间万物的平等心。与启蒙建筑师的家国天下相比，巴瓦的立足点未免是小的，却开辟了一种与古代审美生活相呼应的、注重身体感知的设计途径，发展出顺应广义“地形学”的“顺势设计”方法，体现出以精准物质营造为手段的高级环境伦理意识，和建立在个人经验基础上的、推己及人的建筑学设计思想。

无论在城市还是乡村，巴瓦都能超越现代建筑学有限的知识视野，返回广阔活泼的建造活动本身。更为重要的是，巴瓦并非知识的颠覆者，他站在时代巨人的肩膀上，不仅探索建筑学科的一些基本命题，而且以自身实践为现代建筑带来向生活展开的全新机会。巴瓦的作品代表着建筑学领域在几何信仰之外的另一种可能追求，一种“在世间”的“适度”审美，从而唤起人们对常识和理性的关注。“顺势设计”的立场意味着：与其自立体系，不如顺乎常识；人的构思再精妙，也不似自然的无风格那般完美；自然与人工本是一体，互相映衬才能获得意义；由知识重返经验，则天地万物都是建造的素材。现代建筑推崇知识自觉、肯定人的创造、充满乌托邦理想，这并非坏事，但稍不留神就过犹不及。古老而沉重的东方世界里或许残存着一些行动法则，指导人们领悟思想行为本是自然的一部分，人理应御风而行，让力与美顺势显现。从这个意义上说，被称为亚洲“上师”的巴瓦是在召唤古老智慧以“驯化”过于自信的现代建筑，他的“顺势设计”乃是万物平等的环境营造，人与自然得以重新素面相见。

2017年

—

2月25日

鳞片和羽毛：

弗兰克 · 劳埃德 · 赖特“有机建筑”之辩[1]

赖特（Frank Lloyd Wright）喜欢给自己的作品取绰号，比如展翅住宅（Wingspread）、蜀葵住宅（Hollyhock）、蜂巢住宅（Honeycomb）、流水别墅（Fallingwater）、蝶林住宅（Butterfly Woods）、鹰羽住宅（Eaglefeather）、雪花住宅（Snowflake）、枞树住宅（Fir Tree）、源泉住宅（Fountainhead）、刺果住宅（Samara）、月桂住宅（Laurel），等等。[ ]不难发现，这些名称都取材于自然物。给房子取绰号，到底是本性浪漫、一时兴起，还是别有深意呢？

[1] 原载《建筑学报》2019 年第 3 期第 110-115 页。
标题来自赖特为《走向新建筑》撰写的书评。在这篇文章中，赖特认为："柯布的路到目前为止是对的，问题是他放弃了第三个维度或深度，放弃了表面和形体上的羽毛、鳞片，这些对建筑至关重要，只有在它们的加持之下，其他两个维度才能获得生命和目的，建筑才能完整统一如有机的树木。"见 Frank Lloyd Wright, "Towards a New Architecture", in *World Unity 2*, 1928(8): 393.
本文的写作受益于深圳市有方空间文化发展有限公司的建筑考察活动"赖特：上帝在自然中显现"。

1

展翅住宅外观，1937 年。
出自：Global Interior #10, Tokyo: A.D.A. EDITA Tokyo Co., Ltd., 1976: 38

我认为，这些看似过度浪漫的名称里，蕴含着理解赖特“有机建筑”的密码。关于“有机建筑”到底是什么，可谓言人人殊。理论家探讨赖特建筑同唯一神教教义（Unitarism）、爱默生（Ralph Waldo Emerson）哲学、拉斯金（John Ruskin）艺术思想和格林纳夫（Horatio Greenough）艺术论之间的关系，或从乡土、材料、环境、地形等方面阐释“有机”的含义，已有大量成果。本文将绕开这些话题，直接从设计本身入手，通过解析赖特的造型目的及装饰与建筑本体的关系，探讨“有机建筑”在赖特的个人语境中的含义。从《自传》中激情洋溢的大段描述中，[2]不难看出赖特对自然发自内心的热爱，但这不足以证明他像莫里斯（William Morris）一样是机器时代的反叛者。相反，赖特对机器的潜力充满期待。正如约瑟夫·康诺尔（Joseph Conore）所说：“他对自然的认识倾向于强调它抽象甚至数学化的品质，而对机器的看法则是高度有机的、生物形态的。将这两者割裂开来的解释是不

[2] 弗兰克·劳埃德·赖特：《一部自传：弗兰克·劳埃德·赖特》，杨鹏译，上海人民出版社，2014 年。

正确的，无论是把赖特描写为一位重返自然的圣徒，还是美洲大陆孤独的欧洲机器时代先知，都是如此。”[3]既然赖特对自然进行抽象以形成个人语言，需要讨论的是，他从自然中看到的与现代主义者有何不同，以及“有机的、生物形态的”机器到底是什么意思。

不妨将赖特的“有机建筑”理论放到现代建筑的历史潮流中讨论，从具体的判断和选择中，看清这些行动的真实含义。赖特在 20 世纪 30 年代开始使用“有机建筑”（Organic Architecture）的概念，早些时候也曾使用过“现代建筑”（Modern Architecture），后来却放弃了这个说法并加以鄙视。考虑到赖特在那一时期的思想历程，这么选择至少说明两个问题：第一，赖特不希望自己与欧洲现代主义相提并论；第二，赖特认为欧洲现代主义是“无机”的。正是在与后者的区分中，赖特找到“有机建筑”这个概念来概括自己的建造活动，从而开辟 20 世纪 30 年代之后的事业路线。在这个过程中，赖特一定经历了艰苦的反思和自证。赖特先于现代主义者而对其语言形成有重大贡献，但他真正的历史地位取决于其与欧洲现代主义的分歧，这种分歧，很大程度上是主动划清界限的结果。因此，对这一过程进行复盘，思考赖特对自然、人造物以及二者关系的界定，是理解现代性的一个重要途径。

应当说，赖特与欧洲现代主义之间的区别并不是全方位的，否则其形式创新不可能惠及后者。二者的共同点表现在很多方面，如对简洁抽象的偏爱、对几何构成的敏感、对异域文化的借鉴、对机械设备的广泛采用等。因此，赖特被史学家追认为现代建筑最重要的四位建筑师之一。然而赖特与现代主义的分歧亦是根本的，他的建筑思想和作品自带反现代的基因。通过“有机建筑”的命名，他直捣龙泉，准确指出现代主义的“无机”“无生命”和“概念化”的特征。

赖特说：“在建筑方面，‘有机’这个词不只是指那些挂在肉铺子里的东西，也不只是那些两条腿跑和生长在田野里的东西，而是与统一性（entity）、整体性（integral）和内在属性（intrinsic）有关。在建筑上独创性地使用这个词，意思是局部与整体和整体与局部一样，所以整体统一正是‘有机’这个词的

[3] Joseph Connors. Wright on Nature and the Machine[M]// Carol Bolon, Robert Nelson. The Nature of Frank Lloyd Wright. Chicago: The University of Chicago Press, 1988: 2.

真正含义……‘有机’这个词用于‘活的’结构——一种结构的概念。这种结构的特征和各部分在外表和内里都为一体，其目标就是整体性。因此任何‘活的’事物都是有机的。无机的或无组织的事物不可能是‘活的’。”[4]

必须看到，赖特在讨论“有机”与“无机”问题的时候，已经涉及技术爆炸时代的一个根本性命题，即“人造物”与“自然生命”之间的关系。赖特先是说明所谓“有机”不只是指动植物等自然生命的直观形态，而是更深一层，指向自然生命赖以成立的内在机制（统一性、整体性和内在属性），局部与整体的综合一致性；进而指出“有机”作为一个结构概念跟“活的”大致同义，“整体性”正是“活的”结构的外在体现和内在目标。可以看到，赖特的“有机观念”是直接以自然生命为范本的，而不是像现代主义者那样以机器为范本。然而，虽然他提出要以内在机制（即结构）为“活的”造型提供保障，却并未指出这一机制具体是什么，又如何让静态的人造物（建筑）与有机生命相类比。理论上这显然不可能，赖特不会不清楚。但是，他依然要在人造的静态事物上区分“死的”和“活的”，到底是什么意思呢?

我认为，赖特在谈“活的”结构的时候，并不是指结构真的要活动起来，就像建筑电讯派（Archigram）的“行走城市”（Walking City）那样进入科学幻想领域。赖特的人文思路，决定了他对造型本身要分一个“死活”，就好像我们在谈一个画家的笔触、色彩，或一个音乐家的节奏、旋律是“死板”还是“灵活”一样。在形式语言的世界里，抽象地谈论“死活”不是小事，因为人工世界就是用抽象语言构造的。赖特以自然为范本衡量语言的生命力问题，放在其他文化中，也是艺术论的根本问题。相比之下，可动建筑、智慧机器等，即便具备某种程度的能动性，在艺术上也很可能被看作死板的、缺乏生命力的。谈论艺术造型的“活性”或“生命力”，与物理上是否能“活动”无关。赖特所说的建筑的“死活”，好比中国艺术论讨论画家笔法是否“气韵生动”。

流水别墅就是典型的“能动的”“活的”建筑。[2] 苏轼在《书蒲永升画后》中，记述孙知微为成都大悲寺寿宁院壁作湖滩水石四堵时写道：“……

[4] 项秉仁：《赖特》，中国建筑工业出版社，1992年，第39页。

2

流水别墅外观，1935 年。
金秋野拍摄

营度经岁，终不肯下笔。一日，仓皇入寺，索笔墨甚急，奋袂如风，须臾而成，作输泻跳蹙之势，汹汹欲崩屋也。”[5] 我认为，这段话用来形容赖特构思九个月，一朝下笔，两个小时内完成的流水别墅是极其贴切的。赖特是在用建筑之形画水，用设计过程描摹瀑布的奔泻之势。“仓皇入寺，索笔墨甚急，奋袂如风”是画家（建筑师）的神来之候，天机忽动，不能自已。唯将胸中之水与壁上之水冥相会合，才能画出“输泻跳蹙”“汹汹欲崩屋”的活水之势。这是艺术的普遍情形，在笔触的流动中暗合着天地气韵的流动，艺术家将其固定为抽象的形式语言，使观者在静态的画面前体会到刹那间的生命奔泻，以静为动、作势欲动，以不动胜于有形之动。流水别墅的动势即来自层层出挑的危堕态势，“汹汹欲崩屋”而能岿然不动，牢牢锚固在崖壁之上。赖特自己也不隐瞒在对水流的沉思中得到了这样的造型。

用以实现这个危险平衡的内在机制，说来也不稀奇，就是悬挑结构（cantilever）。悬挑古已有之，预应力混凝土让它获得更大的表现空间。作为结构专业中途退学的学生，赖特对悬挑情有独钟，终其一生，几乎所有出人意料的形式创造中都能看到它的身影。尝试始于草原住宅时期，为了让挑檐进一步深远，赖特在罗比住宅（Robie House）屋顶内部使用钢结构，实现了 10 英尺深的悬挑。[3] 这个悬挑主要使用在屋檐上，而不是主体结构的其他方面。从三层卧室的屋顶形态来看，赖特并没有严格遵循结构理性原则，如此巨大的悬挑充其量是形式表现的需求，而不像一些研究者指出的那样，是遮阳等方面精确计算的结果。众所周知，草原住宅致力于表现水平，为了刻画水平感无所不用其极，深远的出挑、延伸的矮墙和水平的勾缝都是为了这个目的，与其说是对地形本身的思考结果，不如说来自对辽阔草原、世界上诸事物的生命感知。

不难看出，赖特的草原住宅并非追求静态的几何完形，而是表达一种舒展的动态身姿，所采用的技术手段，不是功能性的，而是表现性的。这也直接导致了赖特对完美如观念般的建筑单体三心二意。但东塔里埃森（Taliesin East）仍然是个异类，在美国很难找到它的原型，考虑到赖特 1905 年的日本之行及其与塔里埃森 I 、东京帝国饭店之间的时间联系，不难推测赖特是从

[5] 苏轼：《苏轼文集》，卷 12，中华书局，2016 年，第 408 页。

3
罗比住宅屋檐，1909年。
金秋野拍摄

东方得到了这种强调关系的、内在的、生长性的建筑思路。[4] 其实赖特也一直在尝试完形的、外在的、物体性的建筑思路，尽管他一直对文艺复兴大加鞭挞。拉金公司行政办公楼（Larkin Company Administration Building）、索隆犹太会堂（Beth Sholom Synagogue）、约翰逊制蜡公司行政办公楼（S.C. Johnson Administrative Complex）、纽约古根海姆博物馆（Solomon R. Guggenheim Museum）都属此列。如果说草原住宅时期赖特还没有这种意识（那些矮墙似乎可以读作塔里埃森地形关系的先声），那么，后来赖特对两者是明确加以区分的。[5]

对于前者，赖特会尽量通过形体来突出四面开张的形势，悬挑结构正是为了这个目的而派上用场。赖特一直非常清楚他要的是什么：一个核心体量，混凝土挑台从中向四面炸开。“炸开”（explosion）这个词很重要，毕竟

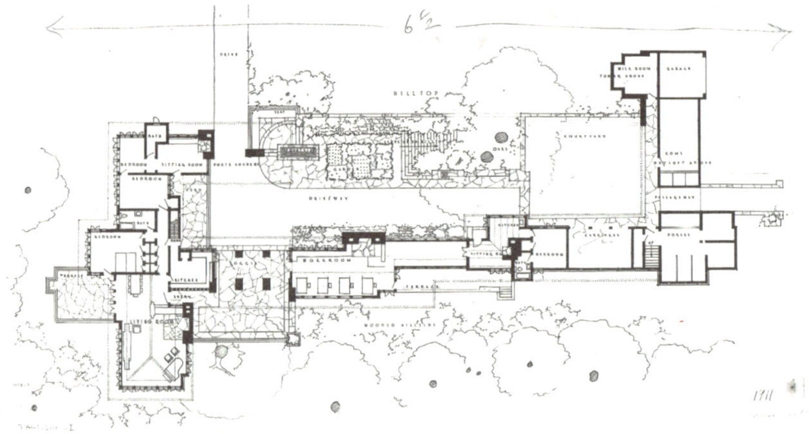

4

东塔里埃森 I 平面图，1911 年。
出自：Yukio Futagawa. *Frank Lloyd Wright Taliesin, GA Traveler, Tokyo:* A.D.A. EDITA Tokyo Co., Ltd., 2002, pp.56-57

5

索隆犹太会堂室内，1959 年。
金秋野拍摄

希区柯克（Henry-Russell Hitchcock）和约翰逊（Philip Johnson）都说过赖特的主要贡献是让传统住宅的盒子动态分解。[6] 但他同时也想要粗朴的石工，比如在塔里埃森甚至昌西住宅(Chauncey William House)中与大圆石建立关联，这就与风格派的抽象分解体量形成了差别。赖特在内心里一直在慢慢打磨关于流水别墅的想象。他延长了挑台，并在中央壁炉形体上增加了一些“挑空板”以强化水平动势，他又扩大了这个“烟囱”的内部空间，直到它变成了一个三层高的盒子，让它有足够的形体感以控制四面挑出的平台，并构成从下面溪水处仰望的视觉核心。这一套做法已经在罗比住宅中被训练得驾轻就熟了。然后，这一切被植入无与伦比的自然环境中，从而获得深度的象征含义。1910 年之后的草原住宅代表着“紧紧拥抱大地”的趋向，但流水别墅却与山体和瀑布纠缠在一起。无论是低伏于大地之上还是高企于崖壁之间，本质上都是同样的“能动”的造型。

20 世纪 20 年代末到 30 年代初，美国的建筑刊物上铺天盖地地介绍加歇别墅（Villa Garche）和萨伏伊别墅（Villa Savoye）。欧陆之风一方面深深刺激着赖特的神经，另一方面，在他眼里未免是乏味的，没有深度、缺乏感情。人们希望它们像机器，在赖特听来无非是希望心脏像个抽水泵。他认为：“我们的建筑就要成为贫瘠的、乏味的钢骨架、方盒子、输气管道和金属扶手的集合产品……机体里没有心脏的跳动。”[7] 如果他能够仔细研究一下柯布的加歇别墅，或者好好思考下这些盒子，会明白柯布如何努力将一个漫步系统嵌入其中以增加空间体验的深度，但他只是武断地认为加歇别墅只是另外一个“卡纸板住宅”，是他 1901 年演讲所推崇的方向的极端化表现，摒弃了自然和其他所有基本的价值。赖特看着杂志的这一页，脑海中想象着一个房子，能把混凝土悬挑结构和深度与浪漫追求结合在一起，而这正是柯布所欠缺的。这个住宅将能把塔里埃森的粗砺石工与机器形式结合在一起，将现代时期的技术表现与远古时代的自然造物统一在一起。如是则早年关于自然与机器的想象将重新得到证明。

[6] Henry-Russell Hitchcock and Philip Johnson. The International Style: Architecture since 1922[M]. New York: Norton, 1932: 26. "Wagner, Behrens and Perret lightened the solid massiveness of traditional architecture; Wright dynamited it."

[7] Frank Lloyd Wright. Modern Architecture: Being the Kahn Lectures for 1930[M]. Princeton: Princeton University Press, 1931: 107.

对于强调“完形”的后一种建筑类型，赖特其实也并没有将其形态完全静态化，只是将悬挑结构隐于内部，这一探索从其橡树园自宅工作室（Frank Lloyd Wright Home and Studio）的绘图间开始，到塔里埃森山地学校（Hillside Home School of Taliesin East）的会客室、唯一神教教堂（Unity Temple）的室内空间、拉金公司（Larkin Administration Building）的中庭、约翰逊制蜡公司（Johnson Wax Headquarters）的蘑菇柱，一直到莫里斯礼品商店（V. C. Morris Gift Shop）和纽约古根海姆博物馆（Guggenheim Museum，New York）的内旋环廊，成为“内向”的、具有动势的探索路径。[6]可以说，赖特将悬挑结构的潜力发挥得淋漓尽致，成为形式探索的基础。考虑到赖特现代主义开拓者的身份，他对悬挑结构的转译和推动功不可没。

与静态的框架相比，悬挑结构有一种介于稳定与失稳之间的形式张力，能够带来视觉和心理上的强烈触动。赖特对空间的关注更多是文学性而非史学性的，有时甚至为了达成直观的戏剧感，不惜将手法推到夸张程度。比如为了突出反差，塔里埃森居住部分的天花板反常地低矮，给很多高个子的学徒造成困扰。沿着这个思路，不难想见赖特何以偏爱悬挑结构。有意无意间，赖特绕开了柯布和密斯，发展出一种“非笛卡尔体系”的现代建筑语言系统。典型的例子是古根海姆博物馆，虽然是原型和图示的思路，却与现代主义的经典案例如加歇别墅或范斯沃斯住宅截然不同，因为它外形不是方盒子，内里不是静定的几何框架，而是拓扑的、延展的空间一体化结构。与之相比，朗香教堂（La Chapelle de Ronchamp）更像是框架结构的特殊变体。

匀质框架一般被认为是钢筋混凝土结构的内在要求。更深的思想基础蕴含在文艺复兴以来的人文观念中，尤其是新柏拉图主义的原型观（以数为基准创造万物）与笛卡尔的科学时空观（三维直角坐标系），为无限延展、无方向性、去中心化的空间想象奠定了基础。被无数建筑理论家引用的劳吉埃神父（Laugier）的“原始棚屋”（primitive hut），构想了一种使用自然材料但符合现代框架结构的原型建筑。理论上，悬挑可以是独立的，也可以是框架结构的一种可能性，流水别墅就属于后者。然而，像 20 世纪 20 年代引起广泛关注的加歇别墅的空间构思，仅允许一切变化在矩形框架内部发生，保持外围边界的挺括完整，好像“带着镣铐跳舞”；而密斯到美国之后的一系列原型般的钢和玻璃摩天楼，更是弱化了水平与垂直的分别，追寻一种广义上的匀质表达。赖特的悬挑是全方位的、表现性的、占据设计核心意图的，似乎就是为了破坏、撕裂盒子结构的规规矩矩，使建筑在视觉上“分解”。

但赖特的体量“分解”与后来解构主义的抽象碎片化截然不同，他似

6
莫里斯礼品商店环廊，1948 年。
金秋野拍摄

乎高度尊重重力法则，追求某种生命意志驱动下的“腾跃”，这让他的设计意图偏离了国际式到解构主义的经典现代主义形式脉络。毫无疑问，赖特是在以悬挑模仿自然生命。一棵树从树干举起树冠；一匹马立在那里好像是静态的，但它突然间开始奔跑，四足都在身下腾跃；雄鹰在草原上空翱翔，翅膀长长地伸展开去；柳树向池塘探出枝条；松鼠在林间跳跃，仿佛时刻都会跌下却安然无恙。自然界在运动中实现平衡，永远都是稳态与失稳的辩证转换，没有匀质框架和笛卡尔空间的静态表达，没有数学化的匀质空间构思。

“活的”形态表现在将动未动之际，完全的静止不是“活的”，自然生命有其意志力作用下的力和趋势，此乃生命之“势”，人的造型以“势”获得自然造物的生命密码，从而表现为“活的”造型。可以肯定地说，赖特所追求的有机建筑，是对现代主义的“无机建筑”的激烈反驳，即使同样使用框架结构，但通过系统发展悬挑、使之上升到造型目的层级，赖特使框架结构服务于异于现代主义者的设计意图。这是一种反“观念原型”的建筑，造型以“取势”为目的，使静止的建筑在视觉上居于将动未动之际，而它赖以实现的“内在机制”，就是悬挑。正是在这个意义上，本文开篇所列举的一系列以自然物为题材的建筑别名，才有其独特的象征含义，而不能被理解为赖特本人最为深恶痛绝的“多愁善感”（sentimental）。

然而飞机、轮船、汽车何尝是纯粹的观念造型呢？在特定经济效用和机械性能的双重规范之下，飞机反而像是某种自然生命，经历了一系列以“有用”为目的的进化而获得的一眼望去振翅欲飞的静态身姿，某种程度上也正像一只巨鸟。而建筑因为没有类似的需求限制，转而去追求观念艺术的静止形态，使造型剥离了层层现实关联，成为纯粹的数学表现或思维活动。这一点是“建筑机器”与“现实机器”的重要差别。赖特则在追求一种关于“关系”的建筑学，草原住宅确定了“水平伸展于大地之上”的基本形态。在此基础上，东塔里埃森摸索出一种园林般的组织关系（美国本土没有）并在一角凌虚抹空，西塔里埃森更强调了“势”的重要，建筑势大力沉却作势欲飞，水平伸展的低平体量呼应着沙漠的物质形态，却以不断重复的斜线、挑空和精巧的垂直形体点破沉闷，好像沙漠中一条昂首四顾的蝰蛇。[7]就像山陵的

7
西塔里埃森局部，1937—1959 年。
金秋野拍摄

形状记录了板块的撞击和岩浆的奔突，谷地的形状记录了冰川的滑移和流水的侵蚀，大自然中的一切造型都是种种力或机制在时间作用下形成的形态结晶。古人用“屋漏痕”和“锥画沙”来描述这种“非如此不可”的形态特征，既体现了某种“势”，又能自由无拘。相比之下，人以观念为造型，仿佛将形式推入含义的真空。再没有比纯粹的“理想条件”更违反自然规律的了。“自然”本身似乎就是“观念”的反面，在自然中，一切都是有条件的，“有机”正是种种条件综合作用之下的物质形态凝聚，整体和部分因此合为一体；“势”则记录了过程中的某个临界状态，使造型打动人心。即使是纯粹的室内空间的“氛围”，也会因为是否积聚了充分的“条件”、是否达到了某种“临界状态”而呈现出不同的感官张力，所以好的设计师习惯于观察自然，借以取势，造型才会是生动的。

以“生动”来评价艺术，是中国艺术理论中最稳定、最具概括力、打通具象（绘画、造像等，甚至人本身）和抽象艺术（书法、器物等）的核心准则。传统上，中国的艺术论非常擅长以自然形态来比拟艺术之美，如将流畅的线条比作水流，将飘浮的衣带比作清风，将动人的画面比作云中出没的神龙。谢赫更是将“气韵生动”奉为艺术的第一要义：“若气韵不周，空陈形似，笔力未遒，空善赋彩，谓非妙也。”[8] 然则何为“气韵生动”呢？固态和静定的造型，自然是缺乏生命力的；古人认为，笔下的形象应具有一种生动的气度韵致，显得富有活力。无论是一段线条、一个眼神还是一座楼阁，聪明的作者会让造型作势欲动，引起读者的会心。没有证据表明赖特熟悉中国六朝的艺术论，但在他的作品和“六法”之间寻找相似之处是很有意思的事情，比如可以将悬挑结构看作“骨法用笔”的对应物，因为“骨法用笔”强调的“得中气”，笔锋居中而令笔画挺拔，应该同样来自对生命造型的感悟：唯有中锋能令笔画四面开张而不散乱，中锋的前提正是连续运动中的动态平衡（使转）。表现在建筑中，书法不像四平八稳的匀质框架，却像流水别墅的层层出挑：悬臂梁藏于内部，仿佛绝壁孤松的枝干，“剑走偏锋而得中气”，为险峻的造型提供内在合理性。相对而言，章草的布局恰如一群跳宕的小兽，到处都是灵活的使转和骨力居中的悬挑结构。

现代建筑对装饰强烈排斥，人们接受了这个观念，普遍迷惑于赖特作品中大量的“有机装饰”的意图何在。答案蕴藏在赖特对“有机”的表述里：“这种结构的特征和各部分在外表和内里都为一体，其目标就是整体性。”[9] 假如说可见的围护结构和隐含的承重结构（在赖特的建筑中两者通常是分开的）构成了一对“表里”，那么主体和装饰、建筑和附属物之间就好像水波，形成了层层外扩、彼此同构的“表里”关系。以流水别墅为例，一层下方用以支撑悬挑露台的三根巨梁隐藏在阴影中，层层叠叠的修长露台被轻薄舒展的檐口板衬托。这些檐口板常常是镂空的，与其说是为了遮阳，不如说是为了烘托建筑的水平造型。与之相对，描述中心体量的垂直元素使用厚重的原石，与水平体量形成鲜明的对比。所有细部金属构件都是赖特偏爱的“切诺基红”色，外墙的土黄色和圆角让人联想起西南部印第安部落的民居。粗糙

[8] 张彦远：《历代名画记·论画六法》，浙江人民美术出版社，2011 年，第 56 页。

[9] 项秉仁：《赖特》，中国建筑工业出版社，1992 年，第 39 页。

的石墙延伸到建筑内部，与青石板地面共同烘托着洞窟般的感受，壁架和家具依然在不断强化悬挑结构，细节与整体同构。流水别墅出现在现代主义鼎盛的 20 世纪 30 年代，一定程度上也受到简洁、抽象的形式语言的影响，但它本质上是富于装饰的。8

赖特的研究者罗伯特·斯宾塞（Robert Spencer）说过这样一段话："一个美丽的外表不一定非得是暴露肌肉骨骼的，它不一定非得是自身内在解剖结构的外在表现。尽管建筑形式应该追随功能是正确的，这个说法只有在更宏观层面上谈论才有意义，就像其在自然中所体现的那样。自然经常想办法将肌体的内部运行机制掩藏在遮蔽性的外衣之下，因合目的性而正确且美。那些坚持现代建筑必须暴露钢筋混凝土结构的人，应当看看通体被羽毛覆盖着的鸟儿，将其与那些没有羽毛、裸露皮肤的品种相比较，再跟那些鸟的骨架比较一下。"[10] 现代主义者似乎一直在追求"骨架"般的简洁纯粹；与

8
流水别墅室内的"微型悬挑结构"，1935 年。
金秋野拍摄

[10] Robert Spencer Jr., "The Work of Frank Lloyd Wright", in *Architectural Review 7*, June 1900: 68.

之相比，赖特的房子好像是有血有肉、有鳞片有羽毛的生命形态。丰盛而极具创造力的、丰满充沛的、纠缠盘绕的自然，是从达尔文的观念中生出，又在沙利文的思想里过滤而来的。但它归根结底是一种抽象，而非艺术与手工艺运动所主张的对自然的“客观模仿”。赖特只是不希望将生命形态剥离皮肉，抽象到只剩白骨，因为生命的态势，正是在鳞片和羽毛的烘托下才得圆满。

西塔里埃森（Taliesin West）作为赖特有机建筑思想的集大成之作，最为完美明晰地说明了“鳞片和羽毛”等有机装饰在“取势”上的不可或缺。与索隆犹太教堂（Beth Sholom Synagogue）的“逆鳞”不同，西塔里埃森建筑群将利爪和尖刺收敛起来，它对外呈现的基本上是粗粝的皮肤和峥嵘的毛发，这一切都是具体的，与大地和远山息息相关。

切诺基红和天蓝交替出现，而由于材料关系交代得非常清楚，屋顶上用作遮阳板的白色亚克力一点都不显得廉价。入口处略微凸凹的牙板下方，倒悬着两根细长的三角形竖板，堪堪接近地面而略不及，在沉着的水平线条里加入极轻盈的垂直线条，让正面变得生动明丽。[9]竖板与其下高昂的明代浮雕陶俑唯一的作用就是取势，貌似与水平低徊的整体态势相反，却反而强调了这一态势，使之振翅欲起。与东塔里埃森的双坡屋顶相比，西塔里埃森的单向倾斜屋顶和角部收束都更加强调动势，而赖特发明的“沙漠混凝土”那巨大的碎石骨料仿佛要破壁而出，也让建筑的躯体更沉稳、更雄健、更势不可当。可以说，到八十岁高龄，赖特建筑语言的一收一放都是为了取势而弹无虚发，真如自然生命般势大力沉且灵动洗练。在这里，你很难分清哪里是本体，哪里是装饰，形体本身也是富于装饰色彩的，细节和整体不断重述着同样的造型目的，建筑好像某种自然聚落的现代版本。没有什么能比这更好地说明谢赫所谓的“应物象形”和“随类赋彩”，这让我们明白，“六法”所追求的造型理想，是介于抽象和具体之间的一种复杂形态，它不可能离开自然世界里的“物类”，仅为表达观念的纯度而独立存在。

赖特思考自然的方式与拉斯金（John Ruskin）或爱默生（Ralph Waldo Emerson）根本不同，他并不是从伦理角度看待人与自然的关系问题。受拉

9
西塔里埃森入口处的竖板，1937—1959 年。
金秋野拍摄

斯金影响的米莱斯（John Everett Millais）亦步亦趋地观察自然并模仿之，受爱默生影响的梭罗变得憎恶人类社会。赖特却似乎天生有一种理智的超然，能够“功利性”地思考艺术的表现力问题，从而脱离了直观“模仿”，而能捕捉自然生命形态背后的“动力机制”，凌虚以“取势”。从这样一个似乎偏离了时代但又与艺术史息息相关的维度上，赖特通过对自然生命的沉思，寻找“有机”的形式语言。很难说这种态度是真正“知性”的，赖特显然是依赖本能多过思考的建筑师。赖特取法的对象，不管理查森还是沙利文，都不似他这般天马行空。有些研究者，如尼尔·莱文（Neil Levine），把这归结为直接从自然中模仿，或思考前人如何直接模仿自然的结果。这大概是一种非常特殊的“传移模写”，撇开建筑史的风格和图示，以自然为师，以以自然为师者为师，突破观念的壁垒，直接承受造型语言的第一缕光。

贝尔廷（Hans Belting）在阐述贡布里希（E. H. Gombrich）的“图式—修正”理论时说：“艺术史就这样被构成为一个学习的过程，其中对现实的再现被作为一个永恒的问题提了出来。然而，把艺术形式的整个问题简化成一种模仿的行为将会是一个错误。模仿只有在艺术模仿自然之处才是可测定的。但是，当艺术模仿（社会的、宗教的、个人的）现实生活时，对照现实的常数，模仿的结果必然会显得非常失真。因为现实生活总是在不断变化的，在其转达或模仿能够被评估之前，它必定总是在被不断地重新界定。”[11] 向自然学习，语言或可保持新鲜；向人学习则很难。“图式—修正”理论在现代艺术中的困难，反衬出“六法”直接以自然为终极造型理想的艺术理论的普适精神。在这里，一次性的行为艺术、云烟般的抽象艺术和幼稚如儿童般的涂鸦艺术都可以得到合理的解释。

客观地说，即便是追求永恒几何造型的观念艺术，若要打动人心，也离不开对“势”的追求。观念的造型也需要取势，且看萨伏伊别墅飘浮于细细柱列之上的平滑体量、柏林国家美术馆（National Gallery Berlin）那宽大雄健的屋顶，它们都代表着一种特殊的优雅。建筑师推敲细节、调整比例，就好像鱼儿摇动鳞片、鸟儿梳理羽毛，下一刻就要深潜渊薮或遁入云霄。活泼的世界是如此生动美好，又何苦去追求静止的永恒呢？

人的造型语言当然是来自对自然的抽象。问题在于，当以何种方式、什么标准进行抽象？赖特通过“有机建筑”，证明人的创造可以直接来源于自然，同时是高度抽象的；只要造型的目的是生命之“动”而不是观念之“静”，几何也可以是自然。赖特之后，虽有对悬挑结构进行更加全面而极端的严肃探讨者，却很少有直接面对万物、从哲学层面推敲艺术语言的形式活力问题，对“自然”造型与“观念”造型加以区分，在现代主义的几何抽象之外另寻一条可能道路的建筑师了。

[11] 汉斯·贝尔廷：《艺术史的终结》，常宁生编译，中国人民大学出版社，2004 年，第 293 页。

关于历史真相的支离叙述：

本雅明和他的城市研究[1]

十多年前我初步接触本雅明（Walter Benjamin）的思想。那时对现代哲学了解有限，读到的入门书籍讲 20 世纪哲学的语言学转向，大意是说人类逐步认识到思想世界，甚至人造环境都是通过语言来建构的，语言是人对主客观世界的符号化，人只能建构语言所有而不能设想观念所无，所以语言（话语和文字，也包括概念和叙事）本身成为哲学家普遍关注的问题。语言对世界的模拟，永远都是不充分的、不完善的，人们一边扩大认知范围、给出新的定义，一面小心调试概念，让它保持精确。

但精确不一定意味着客观精准，语言学本身的发展也证明，越是追求客观精准，越可能偏离事实本身。哲学的"真实"与科学的"精准"是不一

[1] 本篇为《建筑师解读本雅明》译后记。参见：布赖恩·埃利奥特《建筑师解读本雅明》，金秋野译，中国建筑工业出版社，2017 年。本文原载《建筑学报》2017 年第 7 期第 120-121 页。

样的。现实世界遵循什么规则，历史是什么，人类将走向何方，这些宏大无解的问题，一次次被哲学家修正并重新阐释着，也许永远也不会有确定答案。

本雅明的哲学就呈现出一种非“科学”的模糊性，使它介于诗和理论语言之间。现代哲学很有些向科学语言靠拢的倾向，唯恐语言本身的模糊伤害了观念的清晰。分析哲学恨不得把世界切成一个个边界清晰的小块，再给每一块刷上不同的颜色和数字编码。这种想法本身包含了对语言的过于乐观的估计——世界并非由清晰且彼此嵌套的概念紧密联结而成，它的构造应该没这么简单。

在本雅明支离的、片段的叙述中浓缩着一个时代最真切的感觉，这么说并不为过。语言的重要意义在于捕捉感觉，并将之准确地表达出来。在这方面，本雅明有着过人天分。本雅明的叙述也不太注重逻辑的连贯性，它基本是寓言式的。寓言通常被认为是文学语言而非理论语言，长于描述而不是分析。实际上，世界上最了不起的哲学家倒往往是耶稣或佛陀这样的，他们也不是用理论语言来讲话的。最好的哲学语言是打比方，哲学语言用寓言来写，与现实不远，观念才可以走得远，所谓“道不远人”。

本雅明的文本深处一直隐藏着一个北方的小男孩，他透过胆怯又好奇的眼睛打量世界。冷峻密实的石头房子、错综复杂的城市街道、祖母家昏暗且充满装饰的室内、遥远的教堂钟声和烤苹果的香味、漫长又千头万绪的睡前故事，即使在后期的文字中，人们依然可以从他日渐晦涩的哲学文本中不断读到这些埋藏着深层情感经验的事实，它们如梦境般萦绕在理论语言深处，让人明白这种哲学是以情感为基础的。哪怕在生命中的多数时候，这些文字都被不恰当的政治寓言所侵扰，却依然顽强地保持赤子之心，没有被无情的大人世界侵蚀掉。本雅明的哲学像是建立在个人经验之上的最精致的文本，再往前一步就将堕入理性的沙场，成为知识和理论，而它任性地留在属于小说和诗歌的小花园。

那么本雅明为什么是作为哲学家、而不是文学家被世界认识呢？我想，这大概缘于他非同寻常的概念建构能力。至少就《驼背小人》[2] 或《莫斯

[2] 本雅明：《驼背小人：1900 年前后的柏林童年》，徐小青译，上海文艺出版社，2003 年。

科日记》[3]来看，他的文笔是不逊于文学家的。但在多数时候，他忍不住会越位到理论分析领域，而不止步于叙事本身。语言的潜力在于抽象，小说家可以三言两语勾勒一幅画面，却不长于建构概念，更没有意愿去打捞水面以下的东西。这方面，本雅明从事着更加卓越的思想体操，他的文本只是看上去像文学而已。

哲学家都必须擅长建构概念，评价的标准是概念的准确性、深刻性和普遍性。从这个标准来看，本雅明绝对是超一流水准。比如他发明的“韵味”（aura）这个词，[4]紧紧抓住了不可言传的时间之真相附着在艺术作品上的隐然光辉。再比如他出人意表地关注机械复制问题，一百年之后回头看，似乎世界一直在缓慢褪去古老的心灵构造，而艺术家则绝地反击，用行为、用姿势、用一次性的种种来创造不可复制的艺术作品，拓展着语言的边界。这些密集的概念创造不仅是高度个人化的，而且是高度特异性的，本雅明永远都关注旁人视而不见的对象。他特别关注城市生活，对空间氛围有着非同一般的敏感。生命后期，他狂热迷恋巴黎拱廊街，[5]探讨“资产阶级居所向现代住宅的转变”，也喜爱南欧城市散漫、生机勃勃、“多孔多窍”的空间形态，并揭示其对于现实世界的特殊价值，这些都与建筑有关。

建筑这门学问，稍有不慎就会被纯粹的技术观念绑架。比如当今特别流行的“海绵城市”理论，我们不妨说本雅明的“多孔多窍”城市观念与之类似，但在精神层面包含了远为丰富的内涵。今天的城市依据经济诉求和科学观念而建，二者都仿佛坚不可摧。城市表层的硬度，正反射着观念的硬度，不仅不容纳水分和新鲜空气，也不涵养平静悠然的生活，不促成思考、不催生文化、不鼓励多样性。解决城市的硬度要从观念入手，但这需要一点时间。这是一个悖论，越期待快速见效，越制造新的硬度，就越堵塞原有的孔隙。本雅明是在留住生活与观念的孔隙，不要社会变得密不透风。这难道不是一个建筑问题吗？建筑师应该多听听本雅明的意见。哲学提供高度和视野。没了哲学思维，建筑师努力做事，却往往是原地打转。

再如本雅明对现代居所的讨论，在他的成年时期，现代居所是新鲜事物，

[3] 本雅明：《莫斯科日记》，郑霞译，北京师范大学出版社，2014年。

[4] 汉娜·阿伦特编：《启迪：本雅明文选》，张旭东等译，生活·读书·新知三联书店，2008年，第236页。

[5] 本雅明：《巴黎，19世纪的首都》，刘北成译，上海人民出版社，2007年。

也得到当时媒体和理论家的鼓吹。本雅明对它的态度是相当复杂的。当自己的成长环境就要被扫进历史垃圾堆，新的家居室内白亮而卫生，记忆之物也将被荡涤一空时，人们该如何选择？在过去与未来之间，勒·柯布西耶这样的建筑师通过为现代建筑美学赋予新的伦理价值，不给人们提供折中选项。现代家居环境强调多功能、廉价、方便，带有显而易见的临时感；资产阶级居所封闭、阴暗、守旧，却堆叠记忆、容纳情绪。对此，本雅明欲走还留。

与概念的模糊性相应，本雅明在立场上也是模糊的。这让他的哲学像是在记录，在一张黑白照片上留下时代的气氛。在本雅明的映衬下，多数的时代先锋都只有一种颜色，都过于单调、过于浪漫了，忽略了世界的其他侧面。清晰片面的理论是容易建构、容易理解的。我们之所以要警惕理论思维，其实是因为它们通常具有这种片面性，本雅明却让我们意识到建立相对丰富、容纳内在矛盾的相反相成的理论并非是不可能的。或许它离真相更近。我们用以建构人造环境的武器——形式语言和建筑概念，也需要更加丰富才好。因此，虽然本雅明不写长篇大论、不进行细密扎实的概念耙梳、不罗列眼花缭乱的参考文献，哲学史还是给了他很高的地位。我相信这个地位会越来越高，就凭他那些看起来不太起眼的断简残篇。

本雅明的真正敌人其实是人类简陋的观念。他对此或有误解，或受到时代和情绪的蛊惑，不能充分认识其思想最杰出的特征所在。我常以为，他若不去触及那些关于社会政治的宏大命题就好了，比如他用批判哲学对城市空间的革命属性进行的分析、对乌托邦的探讨、对公众参与的意见，我们从那些文字里看不到革命信徒的饱满热情，我觉得他似乎有点不太相信这些。本雅明给人的印象是优柔寡断、缺乏热情的。他的乌托邦一点都不彻底，对待时代精神中人们趋之若鹜的部分，本雅明是相当疏离的，他的犹豫没能被措辞掩盖。

就这样，本雅明犹犹豫豫地、删删改改地，创造了一个有别于其他哲学家的思想世界。这里面的概念熟悉又陌生，似乎无意也不屑于构建一个完美的思想体系，也不想吸引一大批信徒开宗立派，被世界奉若神明，更不愿意委身于权力，换来锦衣玉食。对于多数人来说，本雅明的生活方式缺乏基本的安全感，谁也不希望自己或孩子过这种“只差一步”的可悲生活，做一个世俗意义上的可怜人。

人们都迷恋成功，在思想的世界里，这似乎意味着不停地写作、宣传、交际，不断折腾，吸引人们的注意，却不料曾经被吸引的终将把目光移开。本雅明追求拉西丝（Asja Lacis）也是欲言又止的，他似乎缺乏野心，却因此保留了几分真诚，像小孩子一样能看到别人看不到的东西。本雅明唯一的武器就是他的不成熟。

我当年读库哈斯（Rem Koolhaas），模模糊糊地感觉到库哈斯的理论与本雅明的思想方法有密切的联系。十多年后仔细琢磨，发现库哈斯在《癫狂的纽约》（*Delirious New York*）这本书里似乎在替本雅明完成未竟的事业。[6]例如二者都是寓言体，采用旁观者视角，都会为特殊意象赋予特殊含义，行文则夹叙夹议，充满了不知所谓的细节刻画，都揶揄嘲讽、危言耸听，以事实对比制造荒诞效果，许多细节带有天启般（apocalyptical）的预示意味。最重要的，二者都是一种“回溯式的宣言”（retroactive manifesto），两人都通过追溯现代生活诞生之初的物质条件和文化条件，为现代城市文明撰写“家族史”。本雅明将目光锁定在巴黎拱廊街，库哈斯则瞄准大都市文化的终极象征——曼哈顿。

但两者的不同之处也是一目了然的。库哈斯最不像本雅明的地方，在于他的叙述的完备性。《癫狂的纽约》是一本完整的书，完美无瑕，不是断简残篇。它的完整首先体现在它的篇幅，洋洋洒洒一厚本，从“史前史”写到“后现代”；其次在于它叙事逻辑的严密，像《红楼梦》一样在引言部分就交代了全书的结构、主要概念和结论，并大致指明作者的写作意图和文本特征。在行文中，库哈斯几乎让每句话都双关，都充满隐喻，都成为格言。一些固定的符号化意象（如“球和锥体”）一再出现，作者无节制地将其套用到所有关联事物中，让世界成为一个宿命般的荒诞资本之梦。因为作者预设了结论，所以句句紧扣主题，直逼结论，然而它的问题也正是“过于精致”。相比之下，本雅明的文本犹豫而漫漶。在极少数相对严密的文本（如《讲故事的人》）中，[7]语气也非常舒缓，总有沉思的痕迹在，像是在娓娓

[6] 本雅明：《巴黎，19世纪的首都》，刘北成译，上海人民出版社，2007年。

[7] 汉娜·阿伦特编：《启迪·本雅明文选》，第95页。

道来，像本雅明自己说的：“他的独特之处是能铺陈他的整个生命……让其生命之灯芯由他故事的柔和烛光徐徐燃尽，这就是环绕于讲故事者的无可比拟的气息的底蕴……在讲故事的人的形象中，正直的人遇见他自己。”

在本雅明的文字中，我们可以看见这样一个纯良、正直、简单的思想者的形象，这让他的文字有缅怀和不舍，在情感的映衬下微微发光。同样是回溯，本雅明的拱廊街中弥漫着19世纪末孩子眼里的纯真气息，街头卖艺者、西洋镜、袜子和针线盒，以及再也回不去的童年时光。“韵味”，多么清澈的概念。本雅明内心的镜子上没有油污，映照得世界一片清亮。

向心而居[1]

舍大就小

这个设计源于实际的生活需求。作为女儿入学的必要条件，买下二环边上这座不足40平方米的小房子。从此结束让人筋疲力竭的通勤，开启步行上下班的时代。[1 2]

另一方面，内心其实也有强烈的渴望，在小小的空间里解决居住问题。一方面是受各种改造节目的触动，想象如果建筑师是自己会怎么办；另一方面，近年的旅行让我切身感受到现代时期最好的设计作品，一个值得思考的问题是，为什么那些思考宏大问题的伟大建筑师格外关注普通人的居住问

[1] 本文原载《建筑学报》2018年第12期第71-76页。

1
从阳台看北京旧城，可遥望妙应寺塔
此篇所有图片来自作者

2
公寓所在楼宇外观

题？为什么他们一再压缩居住单元的规模，以平衡居住密度和生活之美？这里面蕴含着对人与物的关系的思考。[3]

最强烈的驱动来自一种身体性的腻歪。不久之前，我在住了近十年的房子里感到窒息，快要内爆了。早先对实用价值和自我需求缺乏辨别，容易被琳琅满目吸引，认为再大的房子也会慢慢填满。于是搞出浩瀚的储物空间，以为囤积就是充实。十年之后，那些物品变成梦魇，扔不掉、用不完，生活肥腻得像泔水桶。唯一的办法是逃离。

人活在对自己的误解里，所求永远多过所需。要不要赶时髦，来一把

3

施工刚刚结束，从入口透过门洞看会客区

真正的断舍离？搜刮记忆库，那些最让人感动的案例，恰恰不是禁欲的建筑，相反充满了亲密情思。由是观之，思考房子到底有多小，等于重新审视自己的身体和欲念，毕竟我们的祖先并不认为高尚必出自对人性的否定。

两年前第一次踏进这个未来的居所，眼前的景象可以用惨不忍睹来形容。昏暗破旧，带有不良气味的衰败感，可能逼退了不少潜在的买家。回去之后在本子上勾了个草图[4]，关于未来生活的憧憬，抵消了所有当下的不适。我写了一份 5000 字的任务书，将生活习惯总结了一番，又把对新生活的期许和这个老房子的种种基础条件做了对比，一边提出要求，一边开始在心中揣摩恰当的空间形态。这个文件两年后重读，与建成状态比较，对整个过程来一次复盘——当初的判断是对的。只有小才可以充分、才可以精美、才可以亲密。对三口之家来说，30 平方米真的很大了，不必再大了。

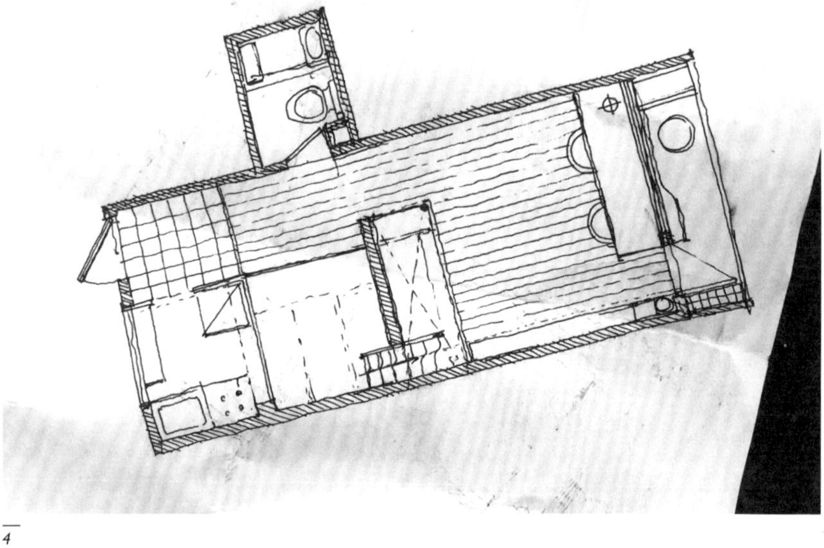

4

第二稿草图。
金秋野绘制

计实当虚

当我要把一面墙加厚25厘米时，遭到人们的一致反对。这么小的房子，只有两个穿套的3米×5米房间，去掉2米的床，走道仅剩1米，怎敢再占去四分之一？的确，这房子一塞就满了。所有的功能排一排，还有好多放不下，给洗衣机、冰箱留个位置都成了老大难。但房子虽小，生活不能缩水啊！以常规的方案，里外两个房间，一间做主卧，一间留给小孩子，两张床一摆，就什么生活质量都不要谈了。我想起大学时期，父母住在类似的穿套式户型中，冰箱就在我的床头，半梦半醒之际，压缩机忽然毫无征兆地震动起来。沙发直接对床，会客必须在卧室进行，所有的房间都是卧室。小户型的最大问题是缺乏回旋余地，无法处理现代居室中居于核心地位的公共与私密空间的分隔问题。

那么，是否可以不做卧室呢？我想起了东北的火炕。炕作为家庭生活的绝对核心，其实也起到会客的作用。民国以前，厨卧一体几乎是中国北方普遍的居住模式。对私人空间的无限追求，起源于现代西方对个体性的过分关注，很小的孩子也要分床睡。日本的和式房间本身就是一张大床，东北大炕跟它有点像，被褥白天必须叠起来放进炕柜，昼夜转换，空间本身完成公共与私密的接力。现代的卧室，被褥铺在床上整天不收，好像在宣示：这里是禁区，外人不得涉足——在漫长的白天里，造成使用空间的极大浪费。这一点，至少在中小户型中难以消受。与之相比，火炕的多用性让我着迷。真有必要将一切分得清清楚楚吗？大都会博物馆里有一个17世纪大马士革的贵族房间，四四方方就是一铺大炕，主人就坐在那里饮食起居、款待宾客。那个房间只能看、不能进，却唤醒了我遥远的东方想象。

与床相反，炕的面宽大于进深，留出更多的地面空间。这样的穿套户型，适合单面布置，用一条纵深的走廊贯穿起来；如果以分室墙拦截腰斩，仅留狭窄的门洞，一口气就断绝了。纵深的走廊未免单调，需要在节奏上加以控制。就这样，格局慢慢成型：为了压缩空间，要求将功能归并，取综合而不是分化；要求空间的连贯和简明，同时增加节奏感。这一切是为了在简化间题的同时增加空间的感知密度和环境信息量，大关系上与两个穿套的封闭房间很不一样。具体方法就是在两个房间结合的地方，将墙壁扩大为一个盒子，将功能统统塞进去，通过在狭小的空间中再植入一个实体，将其他部分掏空，有点像虚竹破解玲珑棋局。5－7

这个实体大于家具、小于建筑，在建好的室内环境中反而不易察觉。做模型的时候，我特意将这个东西单独做，再塞进房子。此时房间本身就剩下一个框子，完整而洁净，像个容器。“大家具”有好几个，室内空间因它们的存在而获得形态，在传统的墙壁和家具之间增加了一个层次。所有的功能和需求都囊括其中。8－10

将原有 10 厘米厚的隔墙扩展到 1.4 米，连着炕的一面塞入 30 厘米厚的炕柜，朝着另一个房间的一面是落地的大衣柜。上面掏空，做成了女儿的小床，90 厘米 ×180 厘米，高度也是 90 厘米，足够她度过小学时光。小学之后怎么办？目前还不知道，但 6 年时间足够想清楚。不能因为明天的变动打破今日的完整，每天都要像永久，日子才不会太过临时。

这个小床，模型做完后给女儿看，女儿说我要粉红色的。助手疑惑地问，这样真的可以吗？最后果然应甲方要求刷成粉红色。晚上灯光亮起，成了最神秘的角落。11 12

小床从炕上进入，角落端头留了 50 厘米缝隙，塞进一个小木头楼梯。小孩子爬上爬下，开心得不得了。我 25 岁的外甥女也喜欢，遗憾小时候没有这么一张小床。她 175 厘米的身高，在里面可以毫无困难地坐直。楼梯可以取下来，下面的空间正好存放大大小小的旅行箱。

这样一个大家具，藏进去两个大柜、一个小储藏间和一张小床。它又向走道延伸，化实为虚，成为一个拱。拱的侧壁剖开 60 厘米，塞进一个洗手盆。这是一个有趣的空间转换，让大家具侧出一臂，不再是一个笨笨的立方体。小床沿长边，一侧是小木楼梯，另一侧只有栏板，两边都是通透的。大家具植入室内，与厨房的送餐洞口一起，让一口气保持贯通，视线纵不能穿越，感觉上却是连续的。夜晚站在阳台回望，看见小床的一角透露出厨房的灯光。

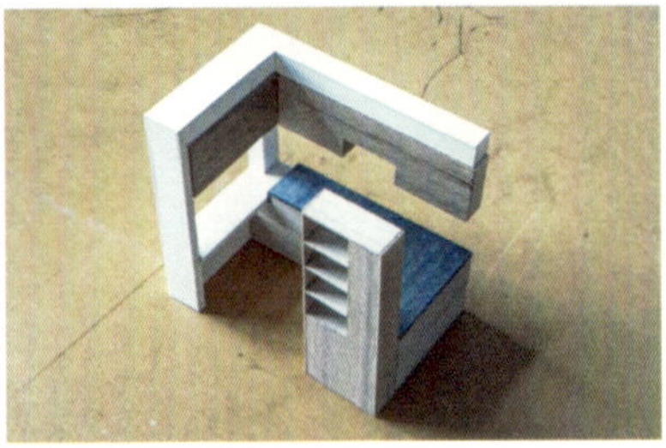

5—7

“大家具”的分解模型

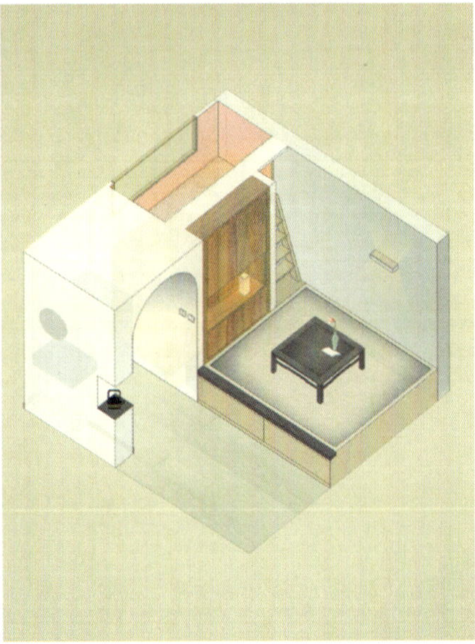

8

炕和炕柜，以及通往小床的木楼梯

9

炕

10

“大家具”轴测图

11
刷成粉红色的小床提供了一个
室内的上下对望空间

12

粉色的小床

户型中拦腰塞入这个大家具之后，常规功能房间的感觉消失了，两张床都被它裹进去，变成连续室内场景的一部分。这样，里面 12 平方米的空间，就空了出来，成为会客室兼书房。这个房间明亮、完整，在一个 30 多平方米的房子里几乎是难以想象的。能够让出这么大一块空地，都是大家具的功劳。

会客区其实也有一个似有若无的空间整合。整个阳台门连窗都以同一个实木框框定，加上侧面的书架和独立木柱，共同限定了一个两米见方的客厅区域。亚麻地毯、对侧开架和局域照明都让领域感进一步得到强化。这是一个可以进入的窗，一进家门，穿过长长的走廊，透过饱满的圆拱，瞥见的就是这个暖黄色的角落。晨昏之际窗外天色幽蓝，气氛最为独特。

衣柜旁边4米的连续壁面，做了一个完整挑出的书桌，进深55厘米，一家三口的日常工作都可胜任。为了与会客区加以区分，这边台面高度80厘米，坐高46厘米，会客区则特意降低了高度，坐高40厘米左右，整体下坠，让层高较低的房间略显宽敞。[13]

阳台不设门，是一个带厚度的实木洞口，整个房间内部只有卫生间设一道毛玻璃门。这扇门嵌入的地方，就是那道加厚了25厘米的连续墙面。它从主入口左手边开始，通过厨房、餐桌、炕、拱门、书桌，止于会客区的壁架，面对着对面的功能区，自己也演变成多种形式，有开架、连续壁面、凹龛、拱门垂壁、洗手盆位、短墙、局部吊顶和壁架，仅在上部保持连续，内嵌新风系统风管——这让设备的存在难以被察觉。

这些或大或小的植入体，让内向的空间操作是建筑化的而不是装饰性的。它们就像框子和抽屉，将全尺寸的洗衣机、干衣机、双门冰箱、洗碗机、

13

会客区，与书桌形成对位，坐高相差6厘米，区分了两种功能空间

烤箱、新风系统等电器和琐碎的室内功能收纳起来，做到了三式分离，还有一个夏日里中意的小小吊扇。

物各有位

马赛公寓的单人客房小得可怜，非常不方便。床头手套箱却是个例外，它有床头柜的功用而无床头柜的凌乱，作为一个内凹的龛，在立面中消化了睡前醒后的基本生活需求。我把它抄过来。会客区也是平时看书喝茶的地方，书架上是眼前用得着的书，茶几上是应季更换的花。吸取以往生活的教训，不留很多纸质书，多买电子书，让生活去肉身化。旅途中搜集了少许质地美好的花器、容器和雕塑，很多是设计师的作品，也都搁在这个架子上。书桌上与会客区对位的角落，是小孩子学写字的地方，有一些文房器玩和一幅画。小床下方、柜子下面的搁架上是女儿的小玩具和手工艺品，占据了一个小角落。拱底下、洗手盆旁边，有一个小小的龛，里面放着象征家庭生活的小玩偶。卫生间门旁边的墙洞，本来打算放咖啡机，后来放了茶壶。厨房正对的两条长长的壁架上都是各处淘来的杯杯罐罐，饮茶饮酒饮水的都有。这些开架摆放的器物，一来是常用，二来本身也都兼具形制之美。摆放的过程，其实也是一个设计过程，一位朋友说开架上展开一座小小的城市立面，一个材料、质感和造型的生态群落。房间总体上是疏朗的，仅在这一处琳琅满目，也只是框框里的恣意蓬勃。随着物品和书籍不断更换，室内保持一种视觉上的新陈代谢。[14]

文丘里针对密斯的“少即是多”，抬杠般提出“少即无聊”。其实少和多并非绝对，关键看空间有效信息密度的大小，如果密度足够，再多就是多余；如果信息无效，即使大量堆砌也无意义。比方说，现代博物馆里物品不可谓不多，码放不可谓不整齐，介绍不可谓不完善，而物品以编号的方式码放在一起，好像百科全书里的词条。有一次在安徽某古镇的餐馆后厨，看见非常漂亮的室内，其实就是一个空房间，物品按需摆放，盆盆碗碗、笊篱水勺都整齐码放或自由悬挂在灶台四周，有限的桌椅各有各的位置，与用途一一相关。在一个匀质的大空间中，功能决定了物品的位置，物品定义了空间的属性，使空间分化成各个角落，气氛和质感各不相同。这是一种匀质中的非匀质，空旷中的紧密。拉图雷特修道院的僧侣房，因使用需求而压缩到极限，空间也相应缩减到极致，却并未丧失物质性。日常生活与博物馆的区别，在于日常物品必须是有用的、有其位置的，这个用途、位置不是为了好看，而是为了好用。

14

框框里的恣意蓬勃

反过来说，只有好用才是真的好看，用途为位置提供了理由。这并不是功能至上的态度，因为单有用途是远远不够的，它只是必要条件。一个反例就是可变性，那种能够变成书桌的餐柜或收进墙身的床铺，带来的麻烦比提供的便利还多。客观来说，为每个功能提供一个单独的形式，既不必要、也不可能，要求所有的位置都有特定的功能、容纳特定的物品，也是强迫思维。家庭氛围在“有道理”和“随意”之间建立一种平衡，任何特定的单一目的都不是终极目的。同样的道理也适用于人，人是房间里一件活动的物品，不同时段从事不同的活动，出现在不同的位置。榻上饮茶、灯下读书都很美;假如不饮茶、不读书，设置这样的角落就毫无价值。家居生活有条有理，在于清楚了解自己的需求，在此基础上设定用途和场景，为每一件事物找到合适的位置。不管是一台吸尘器，还是一个昏昏欲睡的人，只要有机会出现在场景里，就必须有一个合适的位置来安放，物品在房间里就不会“碍眼”。这样，空间与物品和使用者才能融为一体，不再是一个干巴巴、仅供拍照的抽象盒子。家与博物馆的区别就好比文学作品和百科全书的区别，然而博物馆做好了也可以不像百科全书，就像斯卡帕的古堡博物馆。

入口左手边那道25厘米的厚墙靠近卫生间门的位置，上方有个配电箱，为此做了个方形的洞。空在那里不是办法，堵起来又不合规范。想了好久，放进去一棵景松，豆绿的瓷盆。房子做好了，家里的物品需要长时间的调配方得妥帖，就像园子要用树木花草、藤蔓苔藓来滋养，慢慢洗掉燥气。为空空的架子选择合适物品，进行合理搭配，选择合适位置，是人与环境互相驯化的必要过程。15 16

坐姿站姿

炕的一边通过洞口与厨房相连。洞口下架一块木板，当作餐桌和厨房休息位，应付三个人的早餐绰绰有余。这个洞口，既消除了空间分隔，又很

15

加厚墙壁上的“龛”，配电盒外的盆景松，站与坐的转换

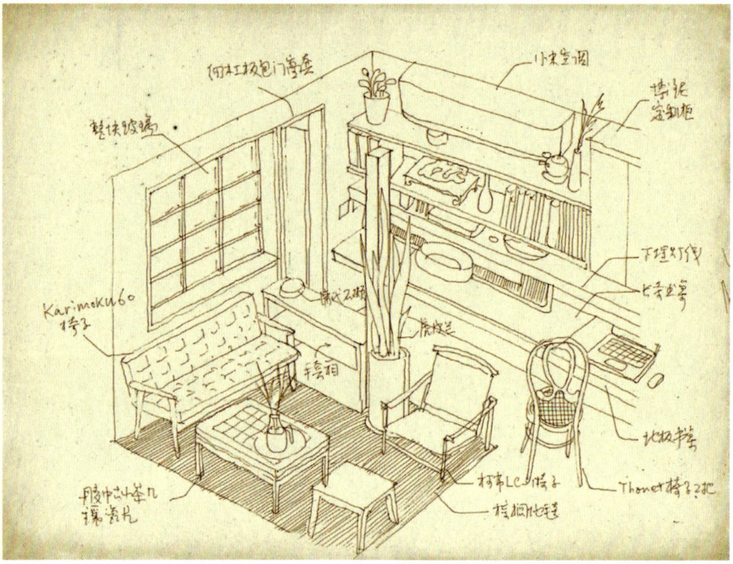

16
会客区空间划分和家具布置

像小时候火炕跟厨房间的传菜小窗口。一切都有遥远生活的印记。三面围合的炕形成一个小凹龛，这是一个非常独特的家庭生活领域。而在白天，被褥收进炕柜，放上托人从日本搜来的酸枝老炕桌，就成了一个茶室，规规整整，清清静静。

炕上铺的还是日式榻榻米，而不是老式的苇席。苇席很好，但与床箱不配，掀床板麻烦得很。北方的炕与日式榻榻米的区别，在于炕提供了一个垂足坐与席地坐结合的空间，它不是完全意义上的复古的生活方式。四个人吃饭，靠外的两个人坐在炕沿上，扭着身子端饭碗，这个姿势不是从小就习惯的话很难将息。但这样有一个好处：有炕的房间依然是高坐具的现代房间，而与南方有床的房间保持基本格调的一致。这样，在生活方式上，中国并没有割裂为一个席地而坐的北方和一个使用高坐具的南方。印象中，除了老年人一直坐在炕上，家里人一般都是在地面活动的。日本住宅在现代化过程中引入西式房间，日式榻榻米房退为卧室，接管了传统与仪式功能。火炕并未有此深意，家人脱鞋上炕，是为了吃饭睡觉；外人脱鞋上炕，是主人表示热络。炕上有炕柜，窗上有窗花，梁下有搁板，场景是世俗的、功能的。

因为这铺炕，家里人有了坐与站两种不同的生活方式，炕确实改变了生活习惯。真正住到这边以后，一家人经常围绕炕来展开各种活动，小孩子回家也上炕，在炕桌上写作业、做手工，吃饭聊天更是围绕这个 4 平方米的小空间展开。炕真是家庭生活中的优质空间，它提供了一个核心。早先炕上的取暖神器放在被子里，《红楼梦》里叫做“汤婆子”，连炕桌上的火盆、薰笼，共同组成了一个温暖的小宇宙，是东方世界的“壁炉”。众人围坐向火，坐姿带来的亲密感，不是穿着鞋子走来走去可以比拟的。

另一方面，坐姿意味着机动性降低，东西须在手边。榻榻米房间的一个缺点是东西与人共面，常常无处可放，只能藏进宽大的壁橱。和式房间因此不能容纳很多露明摆件，也就缺少人与建筑间必要的中介。一经建造完毕就差不多静止了，像一幅端端正正的挂画。榻榻米房间有一个“位”，就是那个摆花瓶的“龛”，可它不是为人设置的。所以中村好文说，榻榻米房间哪里都呆不下。相比之下，传统日本房子里最生活化、最反仪式的倒是纯功能性的“土间”。以炕为中心的北方居室，人在其中大体还保持垂足坐模式，可以看作几种不同居住文化的融合。小时候的居室，家家户户都是一间半，合 40 平方米不到，因为有炕，生活饶有滋味。这种跨越了不同时代和不同文化的房间，格局丰富紧凑、平实亲切，是否可以回到当代的中国家庭中呢?

宅亦是园

如果不故意将园林神秘化，我觉得很多现代建筑具备园林的特点。园林的核心问题在“景”，没有“景”就不成园林。可是也有造景失败的园子，也有造景成功的现代建筑。在我看来，好建筑与好园林的共性，大于跟坏建筑的共性。它们使用的形式语言虽然不同，却都是在经营人工环境、创造场景氛围、完成环境叙事。五言绝句和意识流小说是否可以比较？从信息容量和情感强度来衡量，两种语言游戏的目的是一样的。作为一种内向的空间操作，园林调用了多种不同的形式语言系统，尤其是在几个层次上引入自然，借助于自然物本身的高知觉分辨率，平衡了具象与抽象，创造了无比丰富的层次。很多伊斯兰文明的古迹也具有类似的内向视野和信息容量，这方面，现代建筑与之有很大差异。然而，一小撮现代建筑师重新开始重视感官经验，重视建筑的内在错综与情感强度，从这一点看，是绕过了启蒙运动设置的认知障碍的。

在满是雾霾、窗外看不见风景的城市里，一个 30 平方米的小屋子，如何让它处处是景？唯一的办法，就是让空间语言保持有效、流畅，自己成为自己的“景”。比如那个门洞，它厚墩墩的，像中国常见的门楼，穿过去就进入另一个世界。窗边的会客区就是一个用心经营的角落，它与周边并未分隔，但有自己的范围和质感，只有从这个门洞望进去，才更像是一方天地。同样的道理，在园林中，窗和门洞的设置也不能是随意的，一些看似随机的处理，其实都有深意。[17–19] 住宅楼是外廊式的，狭窄的走道里堆满了居民

17
中国民间的门洞

18
丰子恺笔下的民国城市

19

傍晚时分的会客区，
从洞口望去

杂物，带有集体生活的鲜明印记。打开房门，里面是另外一重光景。“园”的作用之一，就是制造幻觉。正如很多莫卧儿王朝的花园，虽身在市井，却像梦境。

无节制地追加细节和复杂性并无意义。五言绝句的要领在于严守格律形式，重视意境表达，让音乐感成为意境的一部分。王欣常引用童寯的话说，“没有花木，亦成园林”。我想，有花木的园林，空间信息密度还是高一些，因为花木毕竟是自然的造物。但园林里的花木，也要是语言化的，与亭台楼阁、块面柱体并无本质区别。它们代表大自然进入人造环境，并不是大自然本身。说到底，空间造型语言的诗意，与文字语言的诗意是相通的。[20 21]

以这样的标准来看，历史上的建筑可以分为两类，一类关乎外向的造型问题，一类关乎内向的感知问题。无论是网师园、阿尔罕布拉宫、西塔里

20

会客区与书桌一角的对位

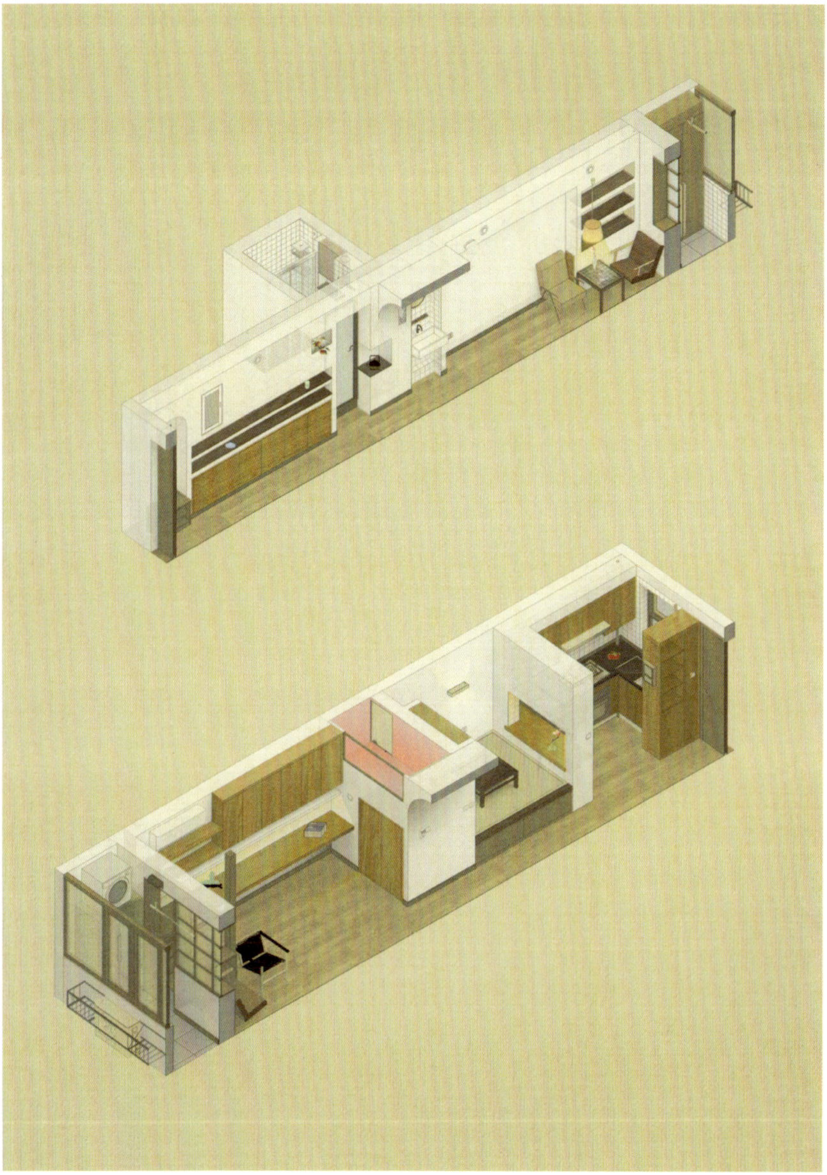

21
室内空间剖切轴测图，分别为
北侧与南侧墙面

埃森还是巴拉干自宅，似乎都致力于错综的空间知觉和感官深度，而枯山水、太和殿、万神庙和帝国大厦是外在的、单向度的，即使同样有一个内部可以进入。具备前一种属性的空间建造庶几可称之为“园”，它向心而生，与名字中有没有“园”字无关，与古代现代、东方西方无关。“园”与“建筑”的根本区别，在于“园”在 VR 还没有被发明的时代，就开启了一种内向的三维视野，在此基础上进化出切实的建造语言，与之相比，现代建筑学的世界观基本上是外向的、扁平的。

人造环境只有具备了“园”的特质，才能打动人心。内向视野对应着三维的物质世界，建立在正投影法之上的现代建筑学更像是降维了的数学记号。记号是为了方便，不是目的。我们建造空间、经营氛围，为了什么？我认为是通过有效提升空间信息的密度和质量，来延伸人的物质身体和感官知觉，当“透明性”“现代感”“抽象形式”“材料质感”“手工特征”“精密度”等概念服务于这个目的，都可以是好的，否则都会成为无意义的盲目重复。自然村落和历史城区，也因为具备这样的特征而打动人，并不因为它们得到自然或历史的额外加持。

与其他建筑类型相比，私人住宅似乎都要更玲珑、更具体，有更多身体性，有更多情感注入其中。当我们去世界各地寻访昔日名作时，是否意识到，近半个世纪的重要建筑名录中已经鲜少有私宅的身影了。这不禁让我想到柯布的海边小屋（Le Cabanon）里那张充满质感的木桌、路易斯·康的费舍家（Fisher House）那个温柔的角窗和流水别墅中微微闪光的青石板，想到那些已经功成名遂却依然醉心于小房子的设计师，他们是真懂得建筑的终极问题蕴藏在小小的居室空间里。

2018 年

—

11 月 8 日

云上的栖居[1]

这个小房子，对于从未真正做过设计的我来说，实在是一时兴起之作。但查看两年以前的文档，却有这样一篇文字，详细记录了当时的想法。面对改造之前的房屋，脑海里涌现出种种计划和对未来生活的假设。它不是设计说明，因为设计还远未开始；也不是任务书，因为没有任何指标和数据。它只有一个使用者的迫切需求，加上一个设计师的耐心筹划。略加删减，兹录如下：

> 第一次去看房子的时候，里面住着一对父子。房子是穿套结构，只有朝东一个采光面，远远对着二环；西侧外廊，油烟机管道直接对

[1] 本文原载《室内设计》2019 年第 3 期。

着走廊开口，家家如此。楼道保持得还算干净，一部电梯服务很多人家。这里原是工厂家属楼，住户很多都变更了。电脑放在入口房间，只有一个朝外廊的玻璃窗，半封在简陋的厨房里，室内昏暗，像是进入仓库。里间并排放着两张小床，对面是一个笨重的老式柜子，只留下一条窄窄的过道，密不透风。墙壁很黑，高高的油漆墙围像是20世纪80年代的，门窗都是老式铁框，很有功能主义住宅的气息。结构大概是大板住宅，墙壁都很薄。卫生间狭小，不足两个平方米。厨房就是铝合金隔断围出的一个区域，转身都费劲。阳台倒是不小，与房间等宽，让人联想起马赛公寓的格局。其实这就是典型的高密度城市集合公寓，3米面宽细长一条，单面采光，通风是个问题。

主要的功能就是一家三口安心、舒服生活的空间。计划不定期返回现居所一次，带足换洗衣物和生活用品，西城小房子尽量不进行储备。现居所房子虽大，生活久了，被各种无用的东西填满，让人气闷，清理起来又缺乏耐心。小房子也是给生活松绑。因此，只想做能满足最低生活要求的收纳空间，以免又一次成为杂物堆。这样空间才能显得宽裕。

因为实际面积太小，采光又有限，走进房间的感觉实在是憋闷。对舒适性的考量，必然跟空间感受相关。视觉和心理上，希望不要被各种东西壅塞，墙壁尽量薄，空间尽量连续，必备的家具要跟隔断结合在一起——其实就是生活在放大的家具里。这么小的空间，没有办法容纳大型沙发和装饰性的物件，必须物尽其用，功能只在壁面发生。

入口厨房还是要有一个相对独立的区域，里面容纳基本的、不太烟熏火燎的做饭功能，这样多吃蒸煮和新鲜蔬菜，也减轻身体负担，与新生活相匹配。但是壁挂的抽油烟机、必要的操作台都还要有；冰箱考虑是嵌入台面以下的小冰箱，箱门跟操作台一体设计；洗碗机本身可以存储碗筷，也可以考虑小型嵌入式的。厨房对着走廊的窗还是有采光作用的，必须被外间茶室兼卧室借用，所以厨房与卧室不能做硬隔断，可以考虑用餐桌来隔断。厨房窗为了避免外人窥视，必须用半透明材料遮挡视线。由于厨房的存在，入口自然形成一个小玄关，它的空间感很重要；考虑在地面材质上或顶棚有所限定；希望能坐下来换鞋，鞋子能收纳起来。

外间，打算餐寝一体。小时候东北的房子就是这样的，吃饭、写作业、聊天都在炕上实现。这里大概需要一张榻，白天被褥收纳起来，晚上也方便取用。这里可以是茶室，可以是卧室，也可以在跟厨房连通的桌面上吃饭或做事。这个房间可能用处很大。它的壁面也可能需要承载一些储物功能。这里整天都需要人工照明，希望这个照明不仅仅是一盏灯，也有景观作用。因为房子小，我想照明应该处在较低位置，光线是暖色的，像我原来的工作室，虽然层高低矮，因为灯吊得也低，所以有包裹感。现在工作室很高，反而没有气氛。小房子聚气容易，但做出宽敞感很难。照明需要提供的是一种空间的延伸感，感觉好像光从远处来。不希望光从上面来，灯直接吸附在天花板上，过于直接，空间感受就生硬了。希望这个小“龛”在白天不行使床铺功能的时候，是一个很美好的、让人想坐下来喝茶的地方。榻上应该有炕几，如果借用炕几，没有厨房桌也可。不做仅有纯审美功能、很麻烦或极少会用到的东西。

榻里面紧挨着分隔两个房间的墙壁，16厘米厚。我想这道墙的作用很大。它不仅分隔房间，也应容纳储物，成为空间枢纽。这里应该是一个“岛”，墙壁另一侧，上面悬挑出小孩的小床，高度大概是一米八，可以从榻这一侧通过墙上开洞钻进去。这样给里面的房间提供一个剖面上的高度，同时下面容纳一些必要的储物。这个“岛”应该是同时为两个房间服务的，有很多孔窍，同时也不因为它的存在而让空间显得憋闷。

因为大多数实用功能都已经在外间解决，里间就空出来了。这里最好有三口人谈天说话和工作的地方，比如一张圆桌，也可是沿着墙面的长桌。尽可能采用垂足坐，虽然小时候一直在炕上写作业，长大以后恐怕还是不适应席地坐的。但家具要尽可能低矮，包括外间家具，都应是缩小尺度但依然能用的版本。所以小而美主要体现在这些具体的

入口内观

器物设计上。如果能买到现成的家具，也可以考虑，否则直接做到壁面上。这里需要的东西不多，能合在一起或各自独立的桌椅，能放电脑又不影响女儿写作业的案子，集成到小床下方的折叠桌，无印良品那种低矮的对坐小桌椅……哪种方式都可以，但这个房间最好有宽敞感，是一个“空”。虽说是空，但应神完气足，这可能是最适合做气氛的地方，一个舒适的工作间。但是，考虑到大量日常工作都可以在工作室解决，这里可以只提供基本功能，比如大量的书就不会放在家里，仅有一个临时取用书籍的小书架即可。台式机也不放家里，打印扫描一体机可能还需要一个，路由器、空气净化器什么的最好能归纳到一个壁柜格子里，固定电话不一定要。空调，我看日本人的做法是塞到一个座椅下面，靠近地面的位置，管子从地板下走掉，外面用百叶封起来，不知是否能做到。洗衣机希望能放到露台上，上水引过去，下水直接进入雨水管。壁挂式洗衣机基本不实用，实在无法解决才可以考虑。电视不要。

房子净高是两米四七，我觉得两米二的层高就足敷日用，所以吊顶和地板的余地还是挺大的，屋顶也可以有一点变化以区分空间。紧接着是分隔阳台与室内的门联窗，可以考虑降低屋顶压到窗上缘，其实层高低了，屋子本来很窄的面宽可以成为“宽幅”，配上低矮家具和水平线条，反而显得开阔一点。这道门联窗，其实门窗的五金件都好得很，虽然古老，但朴素实用，只是没有保温性能。我问了户主，他说冬天供暖很好，这样我们是否可以考虑将这扇窗整体改造，去掉窗下墙，变成一个落地窗，气氛就不一样了。如果仍然保留也好，只是如何翻新？这是个问题。这个窗，跟两个房间隔墙一样，最好也能家具化，跟阳台一体设计，比如有个窗下的卧榻或小沙发。这扇窗是主要的采光窗，所以通光量也很重要，不能遮挡太多。

阳台可能是个很好的休闲空间。因为室内也没什么一家人坐在一起看电视的沙发，所以这里最好是个舒适的角落，一个进入式的“观景盒子”，能坐能卧能读能写，也能晾衣服，洗衣机不碍眼，花花草草有位置，可以考虑矮榻、折叠桌和高脚凳，整个就是一个可以进入的“大盆景”。

卫生间很小，宽一米一，长一米六，真是没办法做干湿分离。便盆和洗手盆都只能是最小、最集约化的，像飞机的卫生间。尽管如此，依然需要满足所有功能，最好能利用高差限定出两个区域，用浴帘实现淋浴。如果能将马桶和洗手盆并列叠放，可以有一个小小浴缸，就再好不过了，淋浴可以跟浴缸组合在一起。可以考虑电热毛巾架，和必要的浴室储物空间。整个浴室如能像日本浴室那样麻雀虽小、五脏俱全就好了。热水器可以选小的，位置需要仔细安排。如果一些东西没有尺寸合适的成品，也可以考虑水泥浇出来，用环氧树脂做涂层或刷白色油漆。

整个空间结构上，是厨房、房间隔墙、门联窗形成三个“岛”，其余地方空出来。必要的时候，家里三口人，一个岛附近一个人，彼此还有点独立的空间。因为空的部分不能做什么，最后成了壁面设计，在贴墙壁的薄薄一层中实现功能与美。材料，次要的部分可廉价（但考虑环保），与人视线和身体接触的地方好些，重点部位可用很好的材料。用很好的五金件。整体气氛可延续原有的暗调子，用灯光加以点缀。不要吸顶灯，不要射灯，也不要旅馆那种埋进凹槽的线灯。总之灯光以自然的为好，白炽灯或暖色 LED 均可。可根据功能照亮几个部分，整个房间由漫射光填满，光照重心偏下，也是强调水平线条，让上部昏暗，带来包裹感。可考虑隐藏的、均匀的面状光源，增加空间的深远。家里的挂画和陈设应该是精挑细选的，少而精。我没太多精力去折腾这些，一旦完成可以保证基本不变，或定期做有限的变化。挂画和陈设该如何被照亮，还没想清楚，一对一的射灯太做作了。地面，连着入口玄关—厨房—卫生间的一条线，是否可以是硬质铺地，功能上和形式上都与榻形成差异。壁面可以考虑贴面，如椰壳纤维或席子，瓷砖或水泥刷涂料，一种可以随时间而变的质感。地面可以是木地板也可以是硬地，如果都做榻榻米，清洁是个问题。

考虑到北京的灰土，露明的置物架可以尽量少。但家里一点展示空间也没有，会显得很干，所以如何展示，既不压缩大人孩子的腾挪

起居室

空间，又能让环境有所提升，也是一个需要考虑的问题。茶具、相机、文具可能是主要需要收纳的东西。小孩子上学后需要什么，我还不太清楚，要提前考量。收纳空间最好与相应的功能搭配设置，喝茶的时候随手能拿到茶具和茶叶，写字的时候手边有笔。可考虑一些局部的吊柜，如里间工作室的上方。因为喜欢局部照明，灯具等少不了，但高度不能太高，也要避免形成障碍，这个考虑用造型设计来避免，灯具不能太大，不能有尖锐的部分。

还有，一些水管、煤气表等现在是露明的。如果藏不起来，露明也可，但需要成为空间设计的一部分。如果可能，整个房子的通风需要仔细考虑。本来对流就难以实现，如果用固定窗扇就更难实现了。也许会有预留的通风孔。踢脚在这么小的房子里可能会造成视觉干扰，可考虑四白落地，下墙围用油漆处理一下。尽量减少不必要的接缝，但也不必处处包裹。

整个设计，希望能去掉风格，不容易被符号化地解读。做工尽可能好，物料扎实。但这么多手工制作，如何能保证做工精良，的确是个问题，是否可以考虑预制装配？装饰和陈设也需要一并考虑在内。

以下是日用物品清单：

1. 衣物：大人换洗衣服10件，裤子6条，鞋4双；小孩衣服10件，裤子5条，鞋3双；其他如袜子、内衣、衬衣等需收纳空间若干。冬季衣服较厚，空间须有余量。
2. 包包：需要存放两个笔记本包的空间。日用背包和小孩书包3个；需要有地方放基本的旅行用品，如登机箱一个，背包两个。
   备品：日常清洁工具，如笤帚和拖布、垃圾桶、小型吸尘器，洁厕灵、洗浴液、洗发液、牙刷牙膏、面巾纸、卫生纸、垃圾袋等备品的存储空间。
3. 床品：一些日用的被褥、换洗床单被罩、枕头靠包、地毯桌布餐垫门帘等的收纳空间。
4. 卫生间：需要洗漱用品、少许瓶瓶罐罐、三人牙具、毛巾浴巾、洁厕灵、马桶抽子、洗手液洗面奶、吹风机等的存放空间。

5. 小物品：药品、剪刀、文具、指甲刀，线缆、接线板、手机充电器、相机和镜头、pad，各种卡、钱包、钥匙、快递单，各种转换插头和旅行套装等的存储位。

施工周期7个月，设计工作应在2个月内完成，包括施工图。希望在可能的情况下尽量沿用原来的墙体、走线和布局，减少工程量。方案阶段，可以将SketchUp模型放到VR软件中，在虚拟现实场景中感受实际空间效果，调整尺度。所以模型细节越多越好。在这种小户型中，线条粗细、家具大小、灯具高低、坐席宽度、开关位置都显得格外重要，VR也许是个很好的辅助工具。希望这个设计紧凑而不失生活气息，有格调但不过度修辞，更不以牺牲生活功能为代价，可以打造一个经久耐用、材料地道、施工严谨、饶有生活气息、让人舒心的家，同时是一个有话可说的小房子。

表单中的想法，有些忠实地实现了；有些烟消云散，被证明是不切实际的；另外一些，意外地实现了升级，比如竟然放下了双门冰箱和干衣机。房子做完之后，很多朋友来过，喝茶聊天之余，也不免品评一番，当面表达的多数都是喜欢，不可尽信。但是一个做家族酒店企业的台湾朋友，作为工作的一部分，他住过无数的五星级度假酒店，对“品质”一事的理解，与身边的朋友们自不相同，他也很不客气地发表了意见。我想，身边的朋友喜欢，大概是因为与我的生活境况相似。假如换一个角度、换一种经验，看法可能就会很不一样。好在生活是自己的，想法随时间而变，也许下一个居所会是另一种面貌，这正是生活有意思的地方。

一个我不认识的朋友留言，很让我感动。他说：“这个小房子让我看到当代中国北方城市核心地段也是可以有风景和想象力的。”或许我们走路太急，或许大量的信息让人迷乱，对于“好好住”这件事，人们的确关注得不够，或者想得太少。如果我们开动脑筋，在广大的城市腹地，还有无数优质的土壤可供耕耘，而这片土壤，正是你、正是我、正是我们身边每一个人的诗意栖居。城市会因每个居民的想象力而实现由内而外的升级。

实际生活方面，这么小的房子会不会很不方便呢？这大概是很多人关心的问题。客观地说，肯定有不方便的地方，比如衣服的收纳，需要以两个星期为周期循环安排，在大衣柜前部悬挂区、大衣柜后部储物盒、榻下收纳空间中不断轮换，没完没了。比如架子上的器物需要不断拭擦以避免灰尘。但是，储物空间减少带来的问题仅此而已。哪种居住模式没有伴随着麻烦，哪种生活方式可以一劳永逸呢？一些备份物品和多余的衣物实际证明本不需要，书籍也确实可以实现电子化。

在写这篇文章的时候，我忽然想，生活之所以会如此便利，也许跟这个时代有直接关系。毕竟我们有健全的网络服务和快捷便宜的物流。连日用品和生鲜食品，都可在两小时内送货到家，还有什么是值得囤积的？我们要好好享用时代带来的便利。囤积是因为内心不安。最小化生活，是因为有充足的安全感来“背书”。

现在大数据的流行，让硬盘从必需品的清单中淡出。一切都可以扔到云端。我想，我们不妨把物质生活的一部分也放到云上，眼不见心不烦。那么，剩下来的才是不可或缺的，也必须是最美好的，它们帮我们定义了真实和美，让人的物质身体更轻盈。从古到今，物品作为人身体的延伸，就一直在变轻盈，在信息化中羽化重生。古人游春，携着童子，背着篓子，推着车子，现代人一部手机把世界都装进去了。即使非常轻盈，房子依然可以是宫殿，很轻很轻的宫殿，个体物质世界的极限。

2019 年

—

3 月 1 日

建筑评论的文体问题[1]

建筑评论是广泛意义上的文艺评论的一种，与科技论文，即今日常见的学术写作，在体裁上是有区别的。谈建筑评论的文体，主要是讲体裁区别。想把建筑评论写好，取法对象应是古今中外优秀的文艺评论，不局限于建筑评论本身。文体，大的方面是指文学体裁（小说、戏剧、散文、随笔……），小的方面是指文章体裁（记叙文、说明文、议论文、演讲稿……）。选择文体就是选择讲话的方式，用合适的容器将内容和观点装起来。文体问题似乎是评论写作中最外在的部分，但它的作用不能低估。

迄今为止，建筑评论写作并未形成通用的格式和规范，这为评论者留出了广阔的空间。其实很多建筑写作都带有评论色彩。比如王澍的短文《回

[1] 本篇为 2017“青年学者支持计划”发言稿的大纲。应黄居正老师之邀，结合个人写作心得，对建筑评论的文体问题进行了一些总结。本文原载《建筑学报》2017 年第 8 期第 112-113 页。

想方塔园》，[2] 体裁是随笔。全文仅 511 字，就完整交代了观点并加以论证，且对意义进行了说明。文字紧凑疏朗，并不追求学术文章的严谨格式，而是信手拈来，夹叙夹议。文章的主旨是，方塔园不仅表达现代空间思想，也是对中国传统的继承（四种类型），同时是具有高度审美控制（笔墨节制、风骨俊奇）、价值判断（高古、轻旷沉稳）和探索精神（新竹构）的，体现出大格局的“取意”优先于技术和审美的考虑。

笔记体是非常综合的文体，适合传情达意。评论要着眼于交代观点、引起共鸣，而不是堆砌材料、炫耀知识。同时要有大意，而结构和语言为大意服务，意在笔先。一个很好的例子是鲁迅的《魏晋风度及文章与药及酒之关系》。[3] 它表面上是一篇演讲稿，其实是很好的评论文章，评论的内容是魏晋时期的文学风格及其产生的原因，延伸到讨论社会政治和伦理关系，以及评论对象的人格意识和精神世界。这篇文章嬉笑怒骂，内在的基调是沉重的，鲁迅借嵇阮来表达个人的观感，读者从中读到了自己的内心，因为人们面对的是同一个现实。以文学史折射宏大人世主题，具有强烈的主体意识和现实关怀，引人深思、发人深省。故此，评论谋求评论对象、评论者和读者之间的叠合与共鸣，是“有我之境”。

以上实例说明，评论文章可以不拘一格，同时必须不拘一格。文体因而成为评论的重要工具。评论应该是评论者感觉的理论化、文字化，感觉通向常识，较理论优先。如果评论者缺乏感觉，评论只好从现有知识结构开始，一路推演，敷衍成篇，对象、作者和读者就彼此疏离了。理论文章中充斥着大量的学术行话，把一般的读者限制在外。为评论而评论，不是好评论。文体预设了说话的口气。想说服一个人，不思考怎么说服，跟其他时候同一个态度，是行不通的。文章也是一样：面对一群不可见的读者，如何调整态度和语气，是非常重要的问题。文体是针对情境而言的，面对不同的建筑，心有所感，把想法变成理论化的语言文字，为文章主动选择文体，如上阵前挑选兵刃。

[2] 王澍：《回想方塔园》，载《世界建筑导报》2008 年第 3 期第 57 页。

[3] 鲁迅：《而已集：魏晋风度及文章与药及酒之关系》，载《鲁迅全集》第 3 卷，人民文学出版社，1981 年，第 502 页。

兵刃有千万种，文体就有千万种。中国的文艺评论历史久远，画论、书论、诗论、文论……渗透在读书人日常生活的方方面面。艺术史中的批评语言和评价标准，往往藏在跋尾诗、绝交信、自书告身等五花八门的文体中。因为绕开了纯理论文本的局限，往往能做到言微旨远。如历代对赵孟頫的评价，艺术造诣与为人处事搅在一起评，多半不是好话。[4] 到了现代，情况变了，如画家朱新建评赵孟頫，说“他把对生命的感慨，对自己生存状态的尴尬、矛盾，一种更加复杂、更加细腻的感叹表达在他的笔下……黄公望更像一个画家，而赵孟頫更像一位诗人，内心比较深刻的诗人。”[5] 可见，眼光和标准随时代而变，不变的有一样：所有评论都是建立在评论者个人特质和时代语言的基础上的。

赵孟頫的例子说明，文本背后的立场其实都是评论者自己的。真正客观无争议的评论是找不到的。事实上，评论者没有自我、没有立场，是无法从事评论的。个人的头脑被时代塑造，带着时代赋予的任务对人和事进行评价，就有了方向。说得更严重一点：所有的评论都是伦理评论，所有的美学归根到底都是伦理。伦理为美学指明方向。现代主义初期故意删去伦理选项，希望艺术和建筑是“客观”的。结果却生出一种清晰的形式语言或“风格”，指责过去的建筑不真实、不自然或不人性，充满了道德含义。

评论自身的主观性同样否定了评论文体的标准化诉求。为了表达最真实的感受，评论者不惜使用非常局限的“私人语言”。例如勒·柯布西耶和杰弗里·巴瓦两人谈论自宅的文字，分别写于各自建造的 30 年后。柯布在文中事无巨细地列举院子里植物的下落，巴瓦则在短文中向读者揭示了卢努甘卡花园（Lunuganga）的一些形式的秘密。这些内容，如果不是借助私人语言，几乎是无法传达的。两篇文章都使用平淡无奇的语言，却可使读者更接近建筑师的思想。其实建筑师都是最懂得评价的人，否则无法选择形式语言，也无法形成独特性。从这个角度来说，好的建筑，从大意到细节都是评论，比例、尺度、材料、做法……都在对先例和条件作出回应。我们从中有所感

[4] 如：“赵孟頫殊精工，直逼右军，然气骨自不及宋人，不堪并观也”（冯班）；“妍媚纤柔，殊乏大节不夺之气”（项穆）；“因熟而俗”（董其昌）；“予极不喜赵子昂，薄其人遂恶其书”“病恶其书浅俗无骨”（傅山）；“赵孟頫如挟瑟燕姬，矜宠善狎”（包世臣）；“勿学赵董流靡之辈”（康有为）；等等。

[5] 朱新建：《打回原形》，广西师范大学出版社，2015 年，第 28 页。

悟，仿佛听到了建筑师的话，触摸到他的思想。信件和笔记把语气调整到私人领域，让感觉的传达真实可信。观点以个人感觉为载体，比逻辑推演和概念游戏直观。与建筑相似，评论要很专业，但是又不设定专业的理论门槛，文体便是一个很好的解决办法。改变说话方式，通过私人语境和细节刻画传递感觉，直达人心。

私人语境并非意味着琐碎的私人感情，相反，柯布的书信里通常都是大主题，浸满了个体的生命意识和对世界的宏观看法，水面之下有看不见的冰山。这方面，苏轼的短文是优秀的范例，如《文与可画筼筜谷偃竹记》，本是一篇悼文，却也是优美的艺术评论。开篇突兀，中篇和缓，结尾怅然，短文自身形成一个闭合的情感环境（情境）。文与可的墨竹因与人格、经历和记忆融为一体而变得立体，文章也获得了“规范”的艺术评论所不能达到的思想深度。这篇文章的理论贡献是两个成语——“胸有成竹”和“心手相应”，说的都是生命经验在艺术家和评论者的实践中的重要性。评论重视经验：真情实感，胜过万语千言。

谈到对经验的重视，要引桑塔格（Susan Sontag）的一段话：“现在重要的是恢复我们的感觉。我们必须学会去更多地看，更多地听，更多地感觉……我们的任务是削弱内容，从而使我们能够看到作品本身。现今所有艺术评论的目标，是应该使艺术作品——以及，以此类推，我们自身的体验——对我们来说更真实，而不是更不真实。”[6]评论首先要寻回感觉、重建经验、破除“知识障”。这正是“文体游戏”的最大作用。那么，停止阐释，反观内视，可以采取的途径是什么？可以简要地概括为三点：下断语、打比方、讲故事。

如木心在《文学回忆录》里谈日本文学的段落，他说：“在日本人的居所里待着，思想会停顿的，太恬淡、娴雅。酒、茶、饭，有情趣——这种环境，没有思想，有，也深不下去……日本本国一个思想家也没有……日本如浮萍，没根没底的……汉文化也太艰深，日本人受不了的，不如自己来唱简单的和歌。”[7]通篇都是断语，不做分析论证。从现代学术写作的角度看有点反常，在传递经验方面则是最迅捷的。这也是古人的讲话方式：经验到了，直接诉

[6] 苏珊·桑塔格：《反对阐释》，上海译文出版社，2003年，第17页。

[7] 木心：《文学回忆录（上）·中世纪日本文学》，广西师范大学出版社，2013年，第367页。

诸判断，不玩概念，不引经据典，快刀斩乱麻，不留中间环节。

再如本雅明（Walter Benjamin）在《历史哲学论纲》（*On the Concept of History*）中的一段："保罗·克利（Paul Klee）的《新天使》（*Angelus Novus*）画的是一个天使看上去正要从他入神地注视的事物旁离去。他凝视着前方，他的嘴微张，他的翅膀展开了。人们就是这样描绘历史天使的。他的脸朝着过去。在我们认为是一连串事件的地方，他看到的是一场单一的灾难。这场灾难堆积着尸骸，将它们抛弃在他的面前。天使想停下来唤醒死者，把破碎的世界修补完整。可是从天堂吹来了一阵风暴，它猛烈地吹击着天使的翅膀，以至他再也无法把它们收拢。这风暴无可抗拒地把天使刮向他背对着的未来，而他面前的残垣断壁却越堆越高直逼天际。这场风暴就是我们所称的进步。"[8]《历史哲学论纲》要交代的史观难描难画，本雅明通过一个比方把它说清楚，令这段成为整篇的"题眼"。本雅明批评的是当时流行、眼下依然流行的线性因果叙事，及立于其上的决定论史观。本雅明反对的那种史观，恰好与追求"客观性"的线性学术写作是同一类事物。史观决定了批判深度和写作格局，本雅明思想有厚度，笔下有感情，行诸文字，就成就了特殊的文体。他的文本是开放性的，特别注重经验，但他创造的概念，替千千万万敏感的心灵捕捉到难以名状的时代痛点，有长远的理论价值。这说明，强调感觉不是否定理论，而是要拯救理论。

最后再举一个讲故事的例子。前面交代了历史哲学对评论写作的重要作用，它代表了作者对人类自身的看法；但是自然哲学同样重要，它代表了作者对世界的看法。面对如此宏大的主题，庄子采取了"讲故事"的方法。《庄子》一书里几乎统统都是寓言和故事，例如一篇"梓庆为鐻"，讲梓庆在制作"鐻"这种礼器的时候，是如何息心止念、顺势而为，利用事物天然的丰富多样，达到人工不能达到的境界。梓庆把理论彻底抛弃了，使造物变成一种身体经验，或思想历程。庄子的思想奠定了中国艺术评论的标准，即对"气韵生动"的重视：技术不重要、注释不重要、前例不重要、论证不重要、图解不重要……规范都不重要，重要的是感知事物本身，让它自然呈现。从此，中国历史上，每当艺术行将工具化，降格为方法论时，

[8] 汉娜·阿伦特编：《启迪》，读书·生活·新知三联书店，2008年，第270页。

总有人出来纠偏。桑塔格所说的“反对阐释、看到作品本身”，大概是类似的意思吧。

理论语言离口语太远，与人也远。下断语、打比方、讲故事，都是取直观：不概念化、不抽象还原，平行呈现、“以天合天”。变换文体，正是为了抄近路，与世界面对面，拯救感觉、复活经验，不做知识的奴隶。有此一念，则概念也可以是直观的。批评是矫枉：再好的观念一经普及，迅速变成流行歌曲，众声齐唱的背后是万马齐喑。批评者说反话，使畸者复归于正，靠感觉而不是理论来发现偏差。文体是工具，目的是感觉和经验的重建，用自己的心灵与外部世界对话。评论者因能直观，故能催生新的活的语言。

2017年

—

8月1日

建筑教育的三个层次[1]

完整的建筑教育应当包含三个层次：建造目的的提问、设计方法的研习和建造经验的获得。为了达到特定目的，需要采取某种方法。在这个过程中，目的在某种程度上是表现为方法的，本身是隐含的。其中心智的磨练、人格的养成，非由知识可以通达，必须建立在个人与世界具体的相互关系中，建立在经验中。经验不可传授，但可在教学中有意识地加以引导，“目的”乃自个人或集体的经验中产生。以上是三者的关系。

拥有以上三方面的教育体系，培养出来的人才就能创造更好的物质环境吗？不一定。在操作过程中，教育具体化为人与人的关系，也就是师生关系。哪怕不断倡导，也不是每对师生都能发展出清晰高尚的目标、灵活

[1] 本文原载《新美术》2017 年第 8 期第 39-42 页。

有效的方法和细腻真切的感受。人们不一定拥有达到独立人格必需的批判精神。我们可以避免扼杀批判精神，却没有办法批量制造它。所以通常的建筑教育注重知识和方法的传授，这也是建筑教育三个层次中位于中间的夹心层。人们努力保住这一部分，其他两层则被视为不能直接传授，或忍痛割爱，或无暇顾及。

久之，建筑教育就被视为一种相对单纯的方法教学，学生或练习构图、从事渲染；或演练透视法、背诵范式；或操作柱面体、研习构成；或挥洒概念、绘制图表、学习编程。教师很少会宣讲设计方法背后所指向的世界观或环境理想，也不专门培养学生对文化多样性的认知，他们关注的是特定方法操作下生成的建筑“产品”的优劣。其评判标准又常常来自方法本身，如使用古典范式的纯熟度、建造技术与结构形式的匹配度、编程语言的效率，甚至构图是否完美、阴影是否微妙，而忽略了对建造目的的追问。

这样一来，教学逐渐变得繁琐化、理论化、神秘化。更为严重的是，有些注重方法的教育体系针对不同情况提供了不同的解决方案（类型列表或图示语言等），学生不必从经验出发去寻求解决。凡事按图索骥，也就切断了与现实的直接关联。19世纪末的建筑教育正处在这种断裂集中爆发的时刻，对建造有切肤感受且具备历史意识的人如勒·柯布西耶，必然对隔靴搔痒却煞有介事的学院建筑教育嗤之以鼻，这种态度伴随了他一生。他经常嘲讽职业建筑师“视而不见的眼睛”，描述的正是目的、方法与经验在个体身上发生的断裂。所知与所感错位，反映在建筑教育中，是学无所用，观念与技术脱节，形式与内容分离，评判标准僵化，新思维被桎梏。现代主义的诞生，正是革命者针对共同感受与知识体系间的错位而对后者加以调校的结果。世事无常，新经验应时而生，知识与感受不断错位，目的和方法只有随之调整。此即思想层面“不断实验”的动因所在。

总的来看，中国美术学院建筑艺术学院的建筑教育，正是在努力缝合三个层次间的断裂，而为建筑教育带来新的气象。“不断实验”的题目代表了一种直接面对问题的态度，这些问题是与此时此地密切相关的，既包含了针对学科本身的反思，也含有对广泛意义上的社会问题的回应，它的根源是20世纪以来深入到各个文化领域的思想革命，是对现代性本身，也是对中国具体的现代化过程的回应。从这个意义上讲，“实验”本身就带有革新色彩。这场实验，不管人们如何看待它，能够在此时此地发生，就说明变革的条件已经具备了。我们不能单纯地把它看作一场教育体系的变革。实际上，它是学科自发更新的趋势在教育领域的表现，它本身即是批判精神的体现，单纯从人才培养角度去谈论这场实验是不够全面的。

但凡一种教育体系，都必须是从教育理念开始，到培养目标、培养方案、教学大纲、课程建设、教学方法、评价标准，最终体现在一个个具体的教案中，实施于一次次具体的课程教学中，并通过教学成果体现出来。国美建筑教育的培养目标是“像哲人那样思考，像工匠那样工作”，这大概就体现了对“夹心层”建筑教育的反思，因为哲人长于批评而工匠重视经验，是为工具性建筑教育所忽视。这一目标在国美关于材料的建筑教学中有明确的体现，其中的一条路径是取材于传统建造方案的教案设计，不过即便如此，其视角也是颇为“现代”的；另一条材料教学的思路则摒弃了“常识中的建筑材料”，具有鲜明的实验艺术特征。因为经验是附着于传统和常识中的，“去掉观念前提”，也就等于另辟蹊径拓展材料语言的边界。在形式语言的领域中开疆辟土是艺术家的工作而不是“哲人”的事，哲学的一个作用恰恰是拉住艺术的缰绳，防止语言失去意义。从中不难看出这个培养目标中未曾提及的部分——“像艺术家一样实验”，在国美建筑教育的方方面面都有体现。我想，国美建筑教育的出发点之一应该是让建筑教育承载当代实验艺术的使命，勇于打破常规，表达思想追求。这无疑是针对培养实用型人才的工具性建筑教育而言的。对比60多年前“德州游侠”提出的教育目的是“使知识成为自觉”，王澍并不认为“建筑学教育应以知识为基础，而是应该以生存本能为基础”，这也决定了国美建筑教育的路径选择，是将“经验”置于“知识”之前。

这涉及针对“建筑教育”本身的价值判断，即社会需要什么样的建筑人才，或什么样的人能够塑造美好的物质环境。我想，正因为我们处于一个以工业制造为主体生产模式的时代，建筑师更容易被理解为职业技术人员，因为他们必须与机器工业打交道，充当现代环境“产品”流水线上的熟练工种。假如我们培养的建筑师都比较像诗人，他们中的绝大部分很可能因为不适应工业化生产条件而面临淘汰，教育也就失效了。然而专注于培养熟练工种般的建筑师，对职业的戕害是不言而喻的。因为缺少真情实感和工匠意识，人与环境剥离了，建筑师不再像是在跟真实的物质世界打交道，而像是图像或概念的推销员。这是工业社会自身的问题，一百多年前就有人预见并大声疾呼，现在也没有合乎常识的替代方案。研究园林、重拾古典，其意义也正在于讨论通过调整建造目的而改造生产条件的可能性，因为能够驯化技术的唯一途径就是唤醒个体内在的感性经验。如今工业自身的修正和进步、人工智能的发展、互联网带来的新的信息界面，似乎正在促成更趋多样化的生产关系，也许可以包容差异，为个体提供更多的表达机会。地球上的人越来越多，却没必要设想人们将永远通过批量流水线来饲育自己。当代的工业化无疑处于相当粗放的初级阶段，日后生产条件的变化可能为人们物质生活的差异化想象制造机会，建筑师也将不会一直扮演熟练技工的角色。如此说来，当务之急则是保留杰出工匠身上的情感与经验，使其免于消失在工业时代的滚滚洪流中。可以说，机器的发展一直在重新定义人，未来的建筑师肯定不同于古代匠人，但他应比现今的建筑师更懂得照顾差异化的“人性”。

诚如王澍所言，“如画”观念的核心是感性的、基于身体经验的。笔者认为这个观念应被看作国美建筑教育此前十年的重要理论内核，也是建筑教育甚至建造活动的“思想性”在此时此地的具体内容。不同于19世纪英国的“如画”观念，王澍的“如画”是与寻找本土建筑语言的努力分不开的。更为重要的是，通过重新阐释“自然”，“如画”的建造获得了一种现实批判的深度，将寻找传统美学语言的努力与谋求解决现实问题的动机结合在一起，使美学探索获得了伦理正当性。这样一来，“如画”观念很好地整合了此前一系列散在的棘手话题，比如为什么要研究传统、自发性建造的意义何在、乡土材料如何在现代建筑中表达、园林的建筑学意义是什么、工业化生产体系的问题何在、何谓自然、文化观念如何体现在造型设计中，等等。它针对的并非是单纯的“本土”问题，而是总体意义上的学科困境。即便没有明确的答案，亦有助于缓解中国建筑师的语言焦虑，是一系列高度综合的文化行动，从思想、实践到教育教学，具有强烈的时代特征和可识别性，结合王澍个人的建筑成就，很容易形成示范效应。事实也很好地证明了这一点。“如画”概念并非生于民间，而是知识人的文化自觉和历史想象相互扭合的结果，本身就是实验性的。

正是基于这种实验精神，国美建筑教育将针对培养方案的“如画、材料、建构、批判”四个部分整合在一起，将目的、对象、方法和态度并置，不去追求概念范畴的明细对仗。如果说布扎建筑教育体系是以几何图底完形为工具的方法训练，其日复一日的形式操作中，其实蕴含着新柏拉图主义的世界观和深厚的西方经验主义传统。笔者认为，完整的建筑教育倒不一定非得把每个环节都独立设置为课题，如果方法本身能够上通下达，则日复一日的方法训练不仅可以突破“可传授性”的壁垒，也可以让教育真正成为可重复的。布扎体系优于当今的研究式教学，似乎在一定程度上已经成为共识；但对于今天的我们来说，直接移植它的目的、方法和经验都是不可取的。研究式教学特别重视间接经验或抽象概念。人们怀念布扎，大概也是因其重视经典且鼓励经验的教学方法。除此之外，相信我们很难对其背后的营造目的有真切的热爱，因为它赖以存活的历史土壤已经不复存在，正如当年拉斯金执意要从想象中的古代英国挖掘精神源头，却无论如何也不能在身体经验上去接近它。

而“如画”探索的现实意义在于，我们似乎可以绕开构成今天的物质世界和学科内容的数学几何视野与人本主义经验，重新阐释人与自然的关系。但历史地看，它最终还是会落实为一系列方法或方法的组合，甚至获得清晰可辨的形式特征，才能为时代文化赋予样式。历史上，任何有意义的精神追求最终都表现为清晰可辨的行为规范和物质造型。同时，方法式教育的一个宗旨在于，避免教育主体和教育对象因自身天分差异而造成的良莠不齐。最终，它也会成为新一轮实验的假想敌，但在此之前将一直扮演重要的智力角色。批评的对象不是批评本身，实验的目的也不止于实验，而在于代际间不间断的批判过程中沉淀出的秩序和造型，学科因而获得生命。方法式建筑教育的弊端在于逐渐丧失对方法本身的反思，不问目的、脱离经验而流于麻木重复，但这是任何类型的教育都可能会面对、同时也应极力避免的。

过去十年间，国美建筑教育重新提倡对身体经验的重视（即王澍所说的“本能”），在国际视野的引领下发展出一系列颇具潜力的方法途径，并通过历史溯源（山水画、园林）建立与文化传统的精神关联，为经验的找寻赋予具体方向。这一系列实验开创了全新的局面，带来了自由的空气，尤其是沉淀了一些独有的概念、意象和属于中国文化的独特造型，很大程度上促进了中国建筑教育的多样化发展。尽管实验在某些方面还有些许模糊和分散，相信通过下一个十年的努力，将会留下更多印迹，启迪更多想象。

2017 年

—

6 月 23 日

中国城市化进程中的“顺势设计”方法及其与传统思想的关系[1]

一、顺势而为：传统环境思想下的空间营造

顺势营造的思想在东亚流布广泛，究其源头，大概是上古时期的中国哲学。老子说“上善若水”（最高的善像水那样），[2] 他的意思是：世界上最柔的东西莫过于水，它却能穿透最坚硬的东西，是“柔德”所在。水德近乎“道”，水无往而不利，故“道”无乎不在。顺势而为，大致意思就是人的行为要像水一样，不假己意外求，顺应事物本来的样子。所以老子说的“无为”不是无所作为，而是顺势而为，不自费多余的力气，凭着

[1] 本文为 2017 年国际建筑师协会首尔世界建筑大会（UIA 2017 Seoul World Architects Congress）的发言稿，原文为英文。

[2] 参见：老子《道德经》第八章。

外界的形势来造就自我。《庄子》中“梓庆为鐻”的故事，更是以寓言的方式说明如何顺应物性和物形来造物，由人接续造物主来完成一部分动作，从而使人工的物品带有自然的形势和气韵，更加丰富活泼，超越纯粹的人工造型。[3]

苏轼在《画水记》中提到：“画奔湍巨浪，与山石曲折，随物赋形，尽水之变，号称神逸。”[4] 虽在论画，对一切造型活动都有指涉。“随物赋形”，即强调并非追求静态造型，而是观察、把握时机、掌握分寸，使事物自然顺畅而又灵活多变。不同于依据几何法则或数学定理、通过演绎获得的线性复杂的抽象造型系统，中国造型注重环境响应和形势塑造，思维上天然具有复杂性。

如“顾二娘”款清代石砚（18 世纪早期），使用椭圆形的黄色石灰岩，借着石头本身的形态雕刻一只凤凰，盘绕在其前后两端，身体背颈顺应石头的天然起伏，正面坑洞被塑成一朵灵芝形阴刻祥云，用作蓄墨池。坚硬的石头获得柔软的视觉形态，雕工极其精美，整个造型很难通过理性推演得来，唯工匠通过巧妙构思，利用石头自身条件，将缺陷转变为优点。[5] 以较少的人工换来超常的拓扑形态，设计效率很高。然而，这枚砚台的构思在中国的器物造型中绝非独一无二。

同样的思想也大量见诸居室和园林营造。明代计成在《园冶》开篇的“兴造论”中指出“园林巧于因借，精在体宜……因者：随基势之高下，体型之端正……宜亭斯亭，宜榭斯榭……借者：园虽别内外，得景则无拘远近……俗则屏之，嘉则收之”。[6] 园林居室营造更是将地势、植被、水体都纳入其中，

[3] “梓庆为鐻”，参见《庄子·达生》。梓庆，人名；鐻，古代的一种乐器，夹置钟旁，为猛兽形，本为木制，后改用铜铸。梓庆刻木制鐻，做成之后的猛兽活灵活现，看到的人都惊为鬼神。鲁侯问他说：“你用什么法子制成这么精致的鐻呢？”梓庆回答说：“我是个做工的人，哪有什么秘诀。虽然如此，我还是有一些与众不同的地方。我在准备做鐻时，从来不敢随意损耗气力，一定要靠斋戒来平静养心。斋戒三天，不再存想赏赐利禄；斋戒五天，不再心怀毁誉巧拙；斋戒七天，能达到物我两忘的地步，不再想到为朝廷做事，摒弃所有外界的滋扰，只专注于技巧。然后我再深入山林，观察各种木料的质地，选择外形与体态最与鐻相合的材料，仿佛现成的鐻就在眼前似的，于是开始动手制作。条件不具备的时候，我宁可停止工作。我追求鐻的形态与材质的天然合一，人们以为是鬼斧神工，奥妙可能就在这里。”

[4] 参见：苏轼《东坡画论》，山东画报出版社，2012 年，第 58 页。

[5] Jonathan Hay. Sensuous Surfaces: The Decorative Object in Early Modern China[M]. Honolulu: University of Hawaii Press, 2010: 55.

[6] 参见：计成《园冶注释》，陈植注释，中国建筑工业出版社，2009 年，第 47 页。

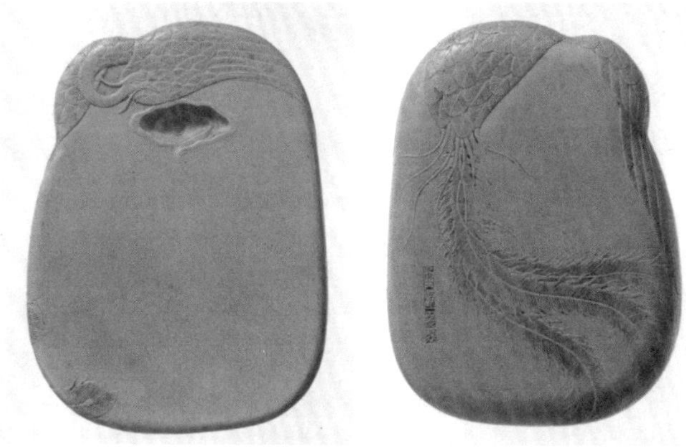

1
顾二娘石砚。清代，18 世纪早期，石灰岩，长 12.9 厘米。
大都会博物馆，纽约

作为景观设计的初始条件而巧加利用。如果说园林营造体现了传统思想中的“近取诸身”，更大的空间尺度上的城市营建则体现了“远取诸物”，一面顺应山川形势，一面法天象地，人工与自然形态合而为一，达于宇宙秩序。[7]《清明上河图》中的城市街道和街区 2，就是中国文化意义上的“自然形态”的直观写照。据学者考证，即使像唐长安这样整体上高度几何化的城市，坊里内部依然是自然形态的。[8] 这样的环境营造思想，近代以来很大程度上被源自西方的几何化城市规划理念取代了。

二、顺势城市设计的当代实践

自然地形拥有极其丰富的细节，若善加因应，城市形态必然是丰富细腻的。中国人烟稠密，传统城市街区尺度小，又未采用西方几何式的笔直街道、广场和轴线对景来制造深度空间感，城市意象是层峦叠嶂，有如传统园

[7] 牛雄、卢健松:《中国古代天文思想与城市营造》，载《华中建筑》2010 年第 3 期第 168 页。

[8] 孙晖、梁江:《唐长安坊里内部形态解析》，载《城市规划》2003 年第 10 期第 67 页。

2

张择端，《清明上河图》局部。图中展示了中国古代城市街区氛围。北宋，12 世纪。宽 25.2 厘米，长 528.7 厘米，绢本设色。
北京故宫博物院

林和居室的“随方制象”，近处市井形胜，山陵、树木和建筑一概以高为远，造成心理上的纵深感。文艺复兴以降的西方城市设计思想，往往将自然地形的诸多细节看作人工环境营造的障碍而一概忽略之。反映在现实中，则是无视土方量的场地平整，将物质空间转变为空白绘图板。几何化操作下，西方城市往往充满纪念性，而中国城市则被“烟火气”充盈。

中国的城市现代化往往伴随着空间形态的理性化或人为秩序化，一些传统空间特征被视为基础设施缺乏、生活方式落后的象征而被系统地抹去了。近些年来，一些探索性的作品相继出现，它们或利用现有城市条件，或创造与亚洲城市状况相匹配的新城市环境，保留或延续了原有的城市活力。

一个有趣的案例是广东顺德的一家餐馆“德云居”，[3]它并非出自某知名建筑师之手，而是由餐馆主人自行改造完成。餐馆建在一片城中村中，这是中国城乡结合部常见的自发生长的居住群落，环境缺乏统一规划，基础设施匮乏，物质条件糟糕。但它具有规划城市所没有的自然生长的物质形态，

某种程度上甚至延续了传统城市的特征。餐馆主人先是取得一小块区域的经营权，他并没有将一般被认为是粗糙和混乱的城中村建筑一举拆除、夷为平地，而是在原有基础上进行增删，拔除中间区域形成院落，将未完成的部分进行整理，对破败的部分加以修缮，利用地形高差划分区域，以台阶、花木和廊道将各部分连接起来。后来，通过兼并邻近院落，餐馆越扩越大，成了一个错综连绵、纵横延伸的特殊空间领域，这里没有轴线控制和空间构成，院落的连缀充满意外，各部分彼此冲突，但给体验者带来强烈的趣味感和自由体验。一些本不应存在的缝隙和形体以匪夷所思的角度碰撞在一起，竖向交通别扭但巧妙地嵌入其中，把人带入二层乃至通往屋顶的廊道系统。那里同样四通八达，进一步增加了空间的可游性。最后，通过基础设施的完善和功能分区的合理安排，这个复杂的空间环境展现出来的不再是城中村固有的粗劣和混乱，而是一种因借得来的复杂性，总体上是优美的。这种优美，类似于园林对自然地形的巧妙利用，来自将城中村中的一切视作初始条件全盘

3

广东顺德德云居院落景观。
金秋野拍摄，2015 年 1 月

接纳下来，将其缺点转化为优点，从而获得人为几何操作几乎难以实现的非线性特征，并以简明的环境点染手法（如花木、廊道、水体、配饰物）削弱纯建筑形体的乏味感，使杂乱转化为丰富多样。与几何演绎相比，经由这种方式获得的复杂性在视觉上是平淡的，在精神上是放松的，这大概是源于自然本身的圆融，如赖特所说："大自然没有风格。"相比之下，几何操作得到的空间形态难免会有堆砌感，造型手法直露，让人精神紧张。

德云居的例子似乎说明，传统中国城市的形态特征和空间美学或许并未彻底消失，而是在自发生长的城市区域中得到延续，如果将它们视作丰富的、多细节的原始地形加以接纳，或许比粗暴抹平更符合城市的长远利益。况且，通过追溯传统的环境营造理念，传统的城市面貌似乎可以得到某种程度的恢复。毕竟，传统城市特有的街道风景、人流密度和烟火气是独特且耐人寻味的。

如果说德云居只是民间自发营造的偶然结果，那么我国台湾建筑师黄声远在宜兰的工作则代表了一种主动谋求本土城市空间意象的努力。黄声远将个人事业锁定在人口不足 50 万的宜兰有他特殊的考虑。与建筑师国际化的趋势不同，黄声远拒绝个人形式标签的无地域的表达，他做的是一项高难度、细致却很难被人意识到的城市空间缝合工作。宜兰具有本土城市的典型特点：纷杂多样，缺乏统一管理，带有显著的自发生长特征。现代交通设施和公共建筑几乎将原有的街道系统切割得支离破碎，景观也杂乱不堪。黄声远的工作好像整形手术，移骨植皮，牵拉缝合，将破碎的城市空间补缀起来。他的手段是尊重现有状况，不去进行过度的人为整理和风貌的统一化处理，强调慢行交通空间的连接及重要公共空间节点的塑造，让新的部分与旧的城市肌理不动声色地融合在一起。这份工作不像建筑师的，而像是一位手工艺人的，根据城市这块璞玉现有的基础条件进行雕琢，防止它在无法阻止的现代化理性格局和尺度重塑中失去原有的气质。[9]

例如完成于 2008 年的宜兰津梅栈道，其实是连接宜兰河两岸慢行系统的必由之路。新的人行栈桥"寄生"在原有钢筋混凝土高架桥的一侧，使用镀锌格栅、木板、钢架等材料建造，故意呈现出一种野生植物群落般的随意

[9] 罗时玮：《当建筑与时间做朋友：近 20 年的台湾在地建筑论述》，载《建筑学报》2013 年第 4 期第 4 页。

感，与周边景物和谐地融为一体，它的造型特征不可谓不强烈，却似乎并没有彰显自身几何秩序的愿望。4栈道行进过程也充满了随机和偶然，不仅宽度不停变化，侧面还不时出现可以进入的小龛室，像极了城区中市民结合原有建筑进行的自发性临时搭建。

这是一种“生长”美学，是中国城市，甚至亚洲其他地区的城市结构所具有的特征，它们似乎一直到近代之前，都与树林、池塘、草原等自然生命系统有着某种相似性。一方面，它缺乏显而易见的视觉独立性；另一方面，又因各自赖以生成的初始条件不同而饶有区别。黄声远的工作绕开了现代建筑师职业对个别建筑物、对造型和视觉经验及对几何操作的关注，而倾心于市井氛围、空间关系和行走经验的经营，似乎在为“城市”这个巨大错综的空间实体增加一层柔软的内表面，方法上则完全是顺势的——以旧城为地形，保存、延续并调用其自然形态的空间语言。5这一点，从黄声远独特的仿佛故意隐藏几何规律的地面铺装中也可得到证实。

上海阿科米星建筑设计事务所的主持建筑师庄慎以快速城市化背景下纷繁复杂的中国城乡作为专业思考和设计形式的原点。庄慎面对的问题也是中国当代建筑师普遍要面对的：直接借鉴西方城市设计的思想和方法，是否足以应对中国独特的城市化过程？如何处理不同层次的历史遗产，保证中国特有的城市形态，让生活充满现代活力又保有本土特征？对现代建筑知识体系和建立在这一体系基础上的浪漫的“地域性”实践的怀疑，让庄慎转而关注日常生活与改革开放以来的城市现实。城中村、大量涌现的城市住宅、农贸市场和临时建筑都成了庄慎考察的对象。而这正是当代中国建筑领域活力释放得最充分的地方，“自然”和“传统”厕身其间，隐约可寻。庄慎认为，不断改变的日常比那些形式化的可见传统更富历史性的本土价值。[10]阿科米星建筑设计事务所的莫干山庾村蚕种场、桦墅乡村工作室和上海新天地阅读空间，就是分别取材于民间竹构、工业建筑和城市轻型构造完成的设计作品。6此地当下通常被忽视的建造行为，在庄慎的设计活动中具备了审美优点和建筑学意义。

从凭借环境、因应环境，到延续现成的空间语言、塑造如自然群落般

[10] 庄慎等：《打开城市的另一种方式：关于上海当代城市研究的一次工作对谈》，载《时代建筑》2015年第5期第115页。

4

宜兰津梅栈道。
金秋野拍摄，2015 年 6 月

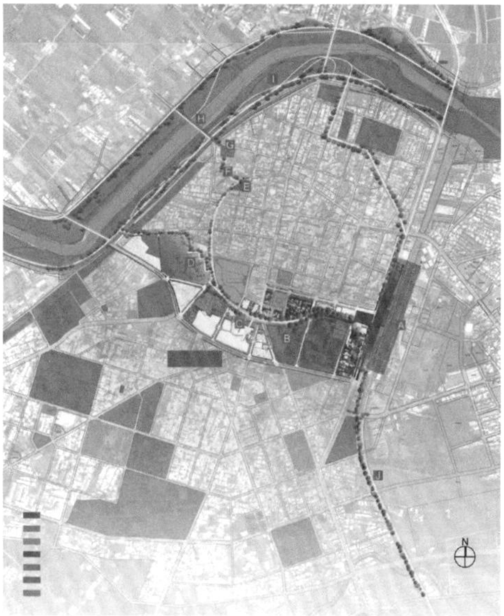

5

黄声远构思设计的宜兰旧城生活廊带总平面图。
出自：《世界建筑》2009 年第 5 期第 34 页

的城市空间，当代中国建筑师们一直在努力更新根植于本土历史和独特自然观念的建筑思维。谈到顺应环境，在一些小型的、改造性质的，甚至临时性的项目中较易实现；当面对更加常见的大规模地产开发项目时，在一张白板样的场地上另起炉灶，既没有邻近街区，也缺乏尺度参照，项目规模又完全有别于常规的历史街区，建筑师该如何实现顺势理念呢？

建筑师刘家琨或许为我们提供了一些线索。他在成都的设计作品西村大院是一个占地面积约 4.2 万平方米，总建筑面积约 13.5 万平方米的庞然大物，

6

阿科米星建筑设计事务所的莫干山庾村蚕种场、桦墅乡村工作室和上海新天地阅读空间。来自阿科米星建筑设计事务所官网：http://www.archmixing.com/

基地早前是一个运动场地和文娱设施，这刺激了建筑师的想象，通过三面围合造出了一个大院子，又把跑道架在空中。[11]西村大院长182米、宽137米，是一个不折不扣的庞然大物，粗犷的外貌和再生建筑材料都给人留下未完成的印象，像极了近30年遍布中国城乡的建筑泡沫，却又让人联想起柯布当年的城市理想，尤其是未加修饰的双廊立面，朝向内侧大院的一面被人们“二次改造”过，跟物业管理松弛的居民小区的景象差可比拟。7大院和小区，都带有强烈的中国色彩，且具有时代性。这不是个空旷的院落，而是塞满了各种各样的功能和活动，有传统的聊天饮茶，有时髦的跳蚤市场，也有激烈的运动比赛和轻松的慢跑。西村大院无所不有，正像成都的市井，甚至具有所有华人聚居区的街道风貌。院子里有竹子和水沟水塘，带来一种村落般的逸气，和煦又爽朗，让人想起王澍的中国美术学院象山校区的田园风景，那里的油菜花、垂柳、鹭鸟带来一种文人理想中的乡居景象，西村大院则带有更浓厚的市井色彩。建筑师故意保留了相当成分的粗糙感，这种粗糙，让人回忆起中国传统艺术中一以贯之的、与轻巧细腻（妍）相伴随的不事雕琢（拙），

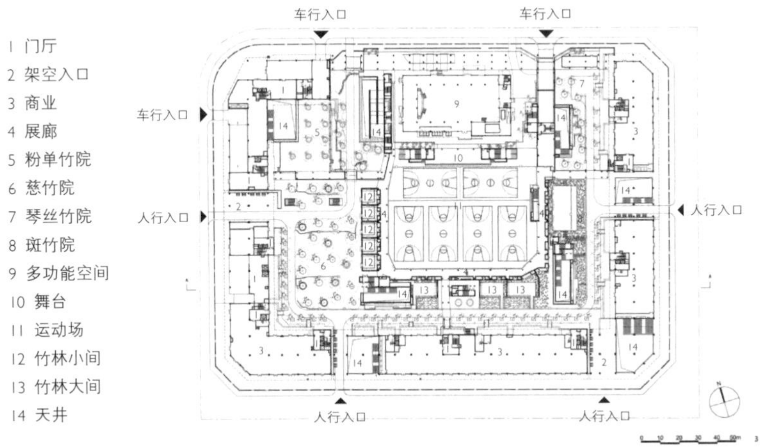

7
西村大院平面图。
出自：华益《刘家琨的西村实践设计策略》，载《时代建筑》2016年2期第9页

[11] 张早：《西村大院儿》，载《建筑学报》，2015年11期第60页。

艺术要素间的调和与相反相成，如同自然本身。[8]

在西村大院的设计中，刘家琨解答了一个棘手问题：在当代城市尺度和生产条件下，在缺乏实物依据和文脉关联的条件下，如何因借环境实现复杂性，表达自然特征。从形态上看，西村大院与一般现代大尺度建筑并无不同，它的不同或许存在于故意预留的半失控状态，从院落内的活动到立面形象，建筑似乎只是一个空的框架或舞台，使用者有充分的自由度去填充次一级的布景。从这个意义上来说，黄声远的建造活动也是冗余的或不足的，其半失控状态来自建造以前，新建筑附着在旧城市之上，旧城市为建成环境提供自然态的要素。如果将自发建造和缺乏理性控制的城市现实看作一种自然，建筑要么凭其势而成形，要么留空而诱其势，无论哪种情况，建成环境都会散发出一种野逸气息，不再是工业美学或数学几何的完美表达。

或可将这种新的城市设计理念概括为“顺势城市设计”，它既不同于历史保护主义对发展变化的否定，也不同于以发展为名义进行的全盘重组，而是一种顺应既有城市形态、空间逻辑和生活质感的新的城市设计思路和城市发展理念。或许它不仅不新颖，还以某种方式延续了数千年，只是在近代才暂时被压抑了。它的要点就是将建造活动看作环境的延伸，通过把握形势、容纳一定程度的偶然和失控，将自然的复杂性纳入人工环境。这与偏爱几何造型、强调精密控制的现代建造观念相去甚远。

三、顺势城市设计的内涵

在一次前往斯里兰卡参观杰弗里·巴瓦建筑的旅行中，刘家琨发现了一个有趣的事实。巴瓦在 20 世纪 70 年代设计的本托塔天堂之路别墅酒店环境优美，但毗邻火车轨道，每天都有好几班火车经过。通常的做法是砌一堵高墙把火车隔绝在外，但声音和震动依然会给墙里的人带来困扰，且隔离意味着火车作为环境中的消极因素反而被提示、被强化。巴瓦的做法是将院落

8
西村大院内景。
来自家琨建筑设计事务所
官网：http://www.jiakun.com/

地坪逐步抬高，直到与铁轨等高，通过下部挡土墙与外界隔开。每当红色的火车飞驰而过时，在庭院休息或游泳的客人都会驻足观看，火车成为院落景观的一部分，甚至为整个环境带来意外的冲击感和生命力。通过巧妙的建筑手法，将环境缺陷转变为不可替代的优势，建筑师的从容可见一斑。[9]

在“顺势而为”的环境观念中，人与环境向来都是一体的。人们并不通过“隔绝”来解决问题，不去塑造一个完全被隔离的内部环境，不欣赏纯粹抽象的美。因为顺应环境，人工的造型不那么强调极致表现，而是更接近于自然的无风格。我们或可总结顺势设计的特征如下：弱化建筑单体、强调环境关系；将植被、地形、水体、新的或旧的建筑一概视为原始素材，无差别地纳入环境营造；以干涉最小、轻盈简便的方式施工；注重环境的人文品质而不是技术表现；建筑仅提供局部控制的框架，为自发和偶然的建造活动留出空间；等等。但

9

本托塔天堂之路别墅酒店（1976—1985）开敞式客厅与对面奔驰而过的火车。金秋野拍摄，2017 年 3 月

最重要的，是“顺势”的“势”，它可以是地形地貌，比如山川、植被，也可以是气候风物等各种建造的初始条件与环境特征，但更应该是特定历史条件下的建造行为的规律和诉求，包括经济与政治因素。建筑师对此必须既敏感又虚心，从“造物主化身”的狂妄角色里脱身出来，甘心充当它的仆人。

或者我们不妨认为，这样的态度本身就是“自然”的含义所在。自然不是与人工对立的、由花草树木组成的“大自然”，而是包含人工活动在内的一种事物的运行机制，它以不完全控制为特征。在对偶然性的宽容与顺应中，变化不断发生，用形式设计表达这种变化，而不是去捕捉凝固的永恒，这大概就是中国城市自古便具有丰富性和活力的原因所在。而这也理应成为主宰未来城市设计的自然法则。

2017 年

—

5 月 23 日

若即若离：
从龙美术馆的空间组织逻辑谈起[1]

大舍建筑设计事务所2014年的作品龙美术馆一改之前轻盈抽象的设计语言，优先考虑结构问题，采用“伞拱”这一特殊结构单元的重复组合，塑造了极有特点的空间形态，给人留下深刻印象。以单元聚合而成空间，龙美术馆并非唯一，从路易斯·康（Louis Kahn）的金贝尔美术馆（Kimbell Art Museum，1972）到伊东丰雄（Toyo Ito）的多摩美术大学图书馆（Tama Art University Library，2007），都让我们觉得似曾相识，却又并不一样。龙美术馆与这些前例之间是怎样的关系，它如何延续了事务所早先的空间组织逻辑，其背后又隐含了怎样的思考，正是本文关心所在。一般来说，建筑师或事务

[1] 与张霓珂合写，原载《建筑师》2016年第6期第63-73页。

所的前后作品间会呈现某种连续性，虽偶尔会被实验意图打断，但即使主动避免自我重复，也会因习惯而在不自觉处反复尝试某种空间逻辑。客观地说，这不仅利于建筑师自我观念的完善、强有力形式语言的形成，也使理解建筑师稳定的设计思路成为可能。

龙美术馆的结构形态为一系列悬臂“伞拱”的自由组合[1]，它们的位置是由基地上原有工业建筑的 8.4 米标准柱网决定的。建筑师特别重视这一结构转换带来的“墙体的自由性”，所以“由墙体自身延展出的‘伞’形悬挑覆盖结构成为不二之选”。[2] [2] 基本空间—结构单元即是“伞拱”，构思上，它们彼此独立，后因规范要求在伞体间设置小的联系梁。因为小梁可能会在大地震中被破坏，故“伞拱”依然可看作独立结构单元。相邻“伞拱”在相遇处留出缝隙，允许天光进入，也突出了单元体彼此独立的结构逻辑。受柱网影响，“伞拱”出挑均为 8 米，在高度和宽度上均允许变化，组合关系共 6 种。[3] 若把“伞拱”看作一些相对独立的小建筑（pavilion）的话，龙美术馆整体上实际是一组小建筑的集群，深深出挑的顶板像巨大的树冠包裹着空间。[4]

伊东丰雄的多摩美术大学图书馆也是由拱形结构形成了类似树林般的室内空间。[5] “拱形的跨度从 1.6 米到 16 米不等，但是厚度全是 200 毫米。这些交汇的拱形把空间自然柔和地分为各个不同而又保持连续的区域。”[3] 伊东在这个设计中延续了他的“浮动网格”（Emergent/Emerging grid）探索，

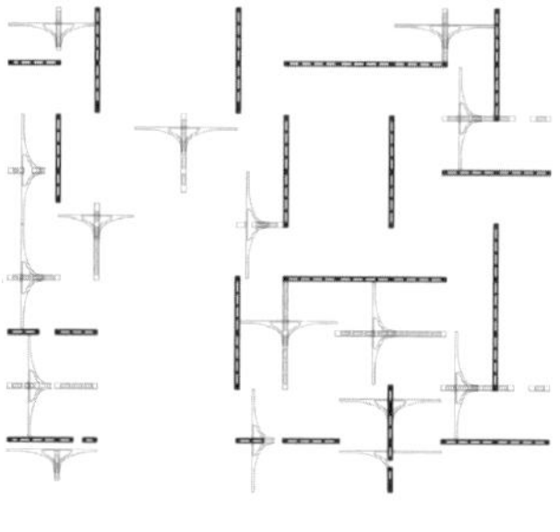

1
龙美术馆墙体结构平面图

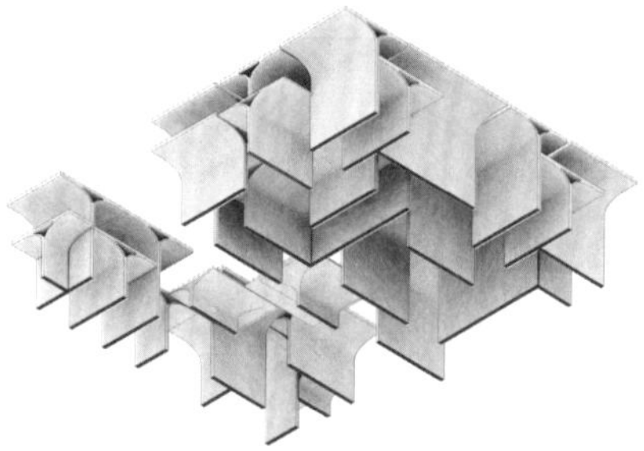

2
龙美术馆结构轴测示意图

[2] 柳亦春、陈屹峰：《介入场所的结构——龙美术馆西岸馆的设计思考》，载《建筑学报》2014 年第 6 期第 34 页。在这篇文章中，作者详细地梳理了事务所作品同“离”的美学思想的关联。

[3] 《多摩美术大学图书馆（八王子校区）》，载《建筑创作》2014 年第 1 期第 362-377 页。

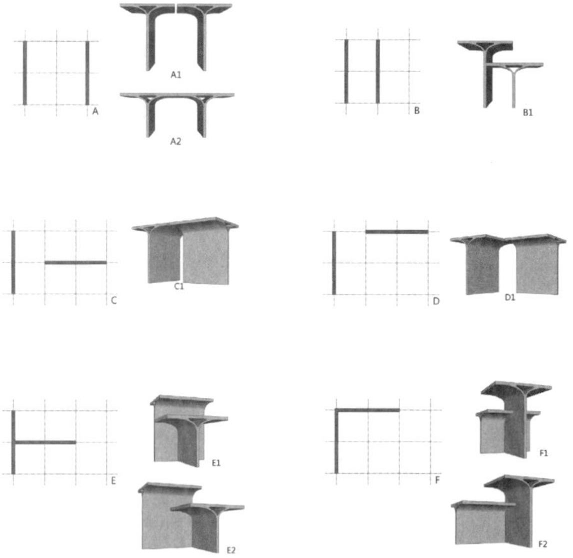

3

龙美术馆“伞拱”
关系类型示意图

4

龙美术馆内景

针对现代建筑的基本规则——标准化正交框架体系，提出一种更加“自然化”的修正结构，用偶然、曲线和模糊关系取代矩阵网格，创造出多样的空间。但伊东的结构从传统框架结构中发展而来，与龙美术馆的单元聚合式空间组织逻辑不同。6

伊东要解答的问题或许跟晚年阿尔托有些类似：如何改造经典矩阵网格，生成类似大自然那种表面上简单重复、实际上微妙多样的环境。在另

5

多摩美术大学图书馆内景

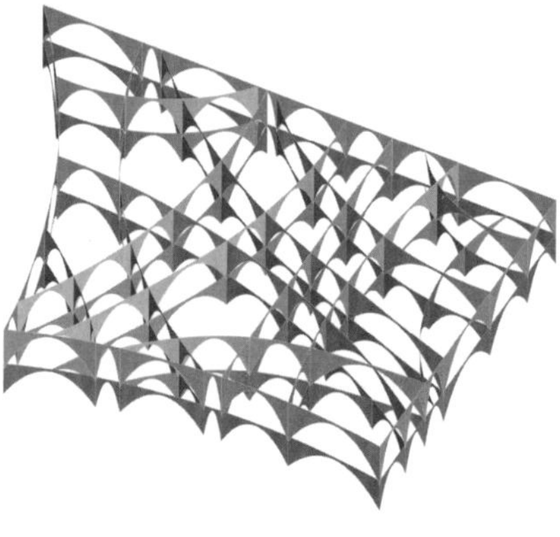

6

多摩美术大学图书馆结构轴测示意图

外一个作品——台湾大学社会科学院图书馆（2013）中，伊东也采用了树形柱。88 根直径 16.5 厘米的白色钢筋混凝土细柱分布在边长约为 50 米的方形平面中，支撑厚 30 厘米的 RC 顶板。[7]柱的直径相等，在顶部扩散为形状尺度各不相同的泰森多边形。基本形态有 4 种，彼此略微有差异，依不同方向排列。伊东将柱子配置在向周围扩张且相连的三组双螺旋线上，模仿细胞分裂般的效果。[8]这个建筑本质上还是梁板一体化的水平连续结构，并无

7
台湾大学社会科学院图书馆内景

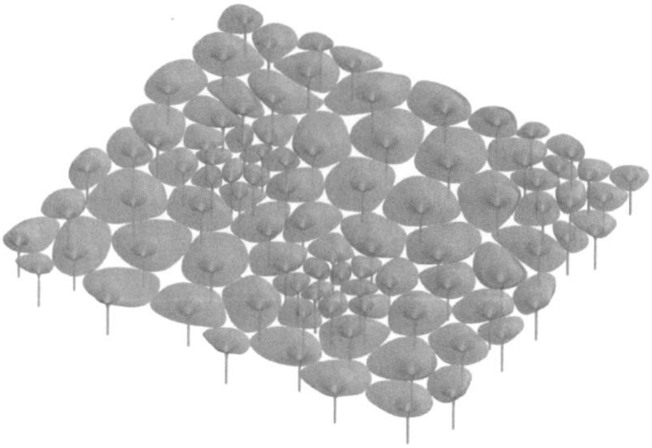

8
台湾大学社会科学院图书馆结构示意图

独立的结构单元。所以看上去室内空间与约翰逊制蜡公司（S.C. Johnson Wax Administration Building，1939）大工作间有些类似，其实空间组织逻辑上差异很大，仍属框架结构范畴。

上述两例，建筑貌似由基本结构—空间单元聚合而成，实为框架结构的衍生物。

建筑结构本来就是人用以覆盖空间、塑造环境的工具。框架结构如同一张三维巨网，结构部件共同承担荷载，它的理想状态就是标准化正交框架，即勒·柯布西耶的多米诺体系（Maison Dom）及密斯的通用空间（Universal Space），其中任何一根梁、柱都不独立存在，也就是说，严格的框架结构是不能作为单元来理解的，它的受力意义存在于完整一体的连续延展状态中[9]。独立单元结构则不然，它的基本建筑要素在理论上应是彼此分离的结构—空间单元，以某种组织关系聚合为一体，本质上则有建筑群属性，单元间的关系可如框架结构般严谨，也可自由松散，视建筑师的总体构思而定。框架再大也是单一形态，而独立单元哪怕只有两个，也存在群体关系问题。可见二者在空间组织逻辑上并不对等，单元聚合式可以框架结构为基本单元，也可以“伞拱”、桁架或薄壳结构为基本单元。

在实际应用中往往有界限模糊的情况，如赖特的约翰逊制蜡公司总部大工作间中独特的“树柱”结构（dendriform），蘑菇状的细柱由底部向上截面

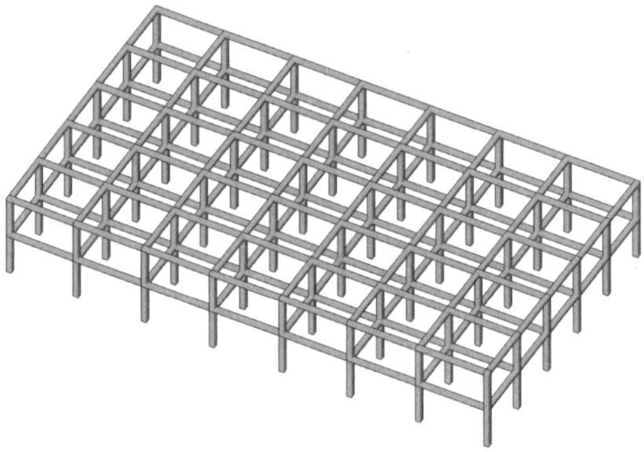

9

理想的正交网格框架结构

逐渐膨大，在顶棚处形成圆盘式柱头以支撑建筑。[10]每根柱子都是独立结构，大厅中央细柱顶部柱头之间的空隙部分以纤细的肋梁连接，形成具有强烈神圣意味的柱林空间。基本单元完全相同，等距排列，彼此相连，虽有独立结构之实，却回避了单元组织问题，遑论自由组合。[11]

路易斯·康的金贝尔美术馆的基本结构—空间单元是筒形拱。[12]与勒·柯布西耶在 20 世纪中叶尝试的加泰罗尼亚拱（Catalan Vault）不同，康的拱更像是一种模糊的混合结构，它的基本单元由两片半拱组合而成，侧推力靠长边的端梁传递到四根角柱上，剖面为摆线，中部切开成采光槽，内部配筋，

10
约翰逊制蜡公司
大工作间内景

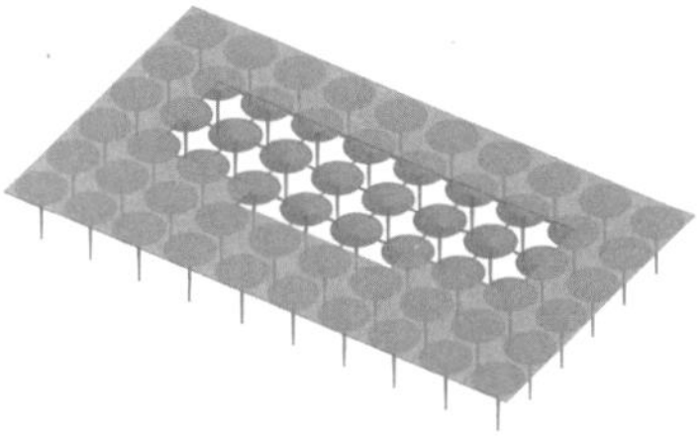

11
约翰逊制蜡公司大工作间
结构示意图

12
金贝尔美术馆剖面草图

使其受力有如水平楼板。[4] 结构有欺骗性，拱心的开槽让它显得像“伞拱”，考虑到并无端头悬挑的半拱，说明基本结构单元依然是筒形。跟赖特一样，康也回避了单元体的自由组合问题，为建筑赋予了严谨布局。13

上海世博会挪威馆及 TAO 迹 · 建筑事务所设计的“林建筑”均采用一种模拟树状的独立空间—结构单元，每个单元以柱为中心，向上伸展出四根悬臂梁，如同树木的枝杈。单元通过高度与方向的变化组合成起伏多变的屋顶。结构单元在网格体系控制下于端点相互铰接，并以钢筋牵拉，呈直线受力，共同支撑了连续的屋面系统，为一种介于独立结构体和框架之间的模糊形态，也未曾涉及单元间的组织关系问题。14

上述几例，建筑的结构—空间单元的确是独立了，却又彼此倚靠，相互拉接，成为一体。

如何有效设定规则，统一而不失多样、优美地占据空间？这大概是建筑学的基本问题之一。在使用单元聚合规则生成连续空间方面，荷兰结构主义（Structuralism）建筑师曾有过系统探讨。阿尔多 · 凡 · 艾克（Aldo van Eyck）对北非和中东的城市聚落非常着迷，包括高密度街区和卡斯巴（Kasbah）集市，认为这些自发生成的空间具有“迷宫般的清晰性”，比严格的理性网格更有活力。针对现代主义的通用空间，凡 · 艾克开始将其分解为单元（对应城市聚落中小尺度的建筑单体），通过主动增加个体复杂性来获得群体多样性。但从他 1960 年的作品阿姆斯特丹孤儿院（Amsterdam Orphanage）来看，

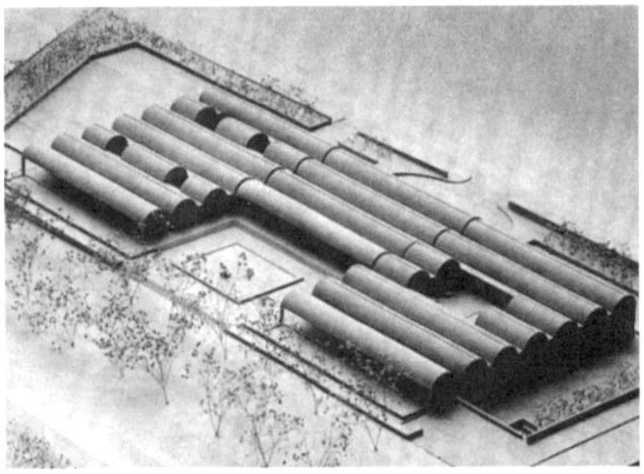

13
金贝尔美术馆结构示意图

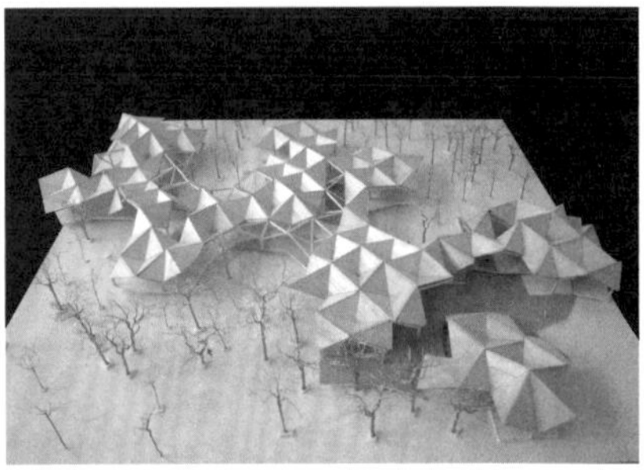

14
“林建筑”结构示意图

[4] 王志强：《金贝尔美术馆的拱顶建造简析》，载《建筑与文化》2009 年 10 月第 85 页。

结构主义的手段相对拘谨，3.6 米见方的框架结构小单元外部尺寸严格一致，组织关系也严守网格秩序，结构上本来彼此独立，却偏要去模仿连续框架，未曾虑及单元间可能存在的种种复杂组织关系。15 但凡·艾克的空间—结构建造体系（space-structure construction）与之前的均质空间的不同在于它指明了单元聚合的潜力，与现代主义钟爱的框架结构相比，它在整体上更接近于传统城市和自然聚落，已不同于单体建筑的构思。后来赫曼·赫兹伯格

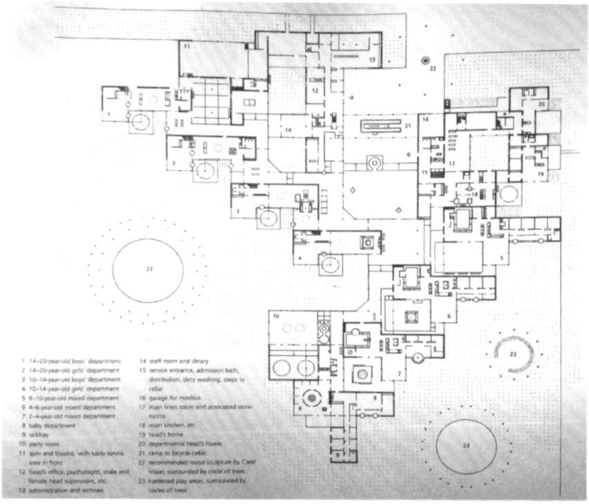

15
阿姆斯特丹孤儿院鸟瞰及平面图

（Herman Hertzberger）进一步发展了结构主义，他在中央贝赫保险公司大楼（Centraal Beheer Insurance Company，1972）的设计中，用对角开放的矩形结构单元作为办公空间的细胞，形成一个矩形群岛，岛之间用桥联系起来。每个单元内可通过家具的摆放灵活使用，相邻单元还可组成不同规模的办公空间。[16]平面和空间组织具有高度灵活性和适应性，体现了他所说的相似结构的可识别性，以及单元体在集合空间塑造中的决定性意义。

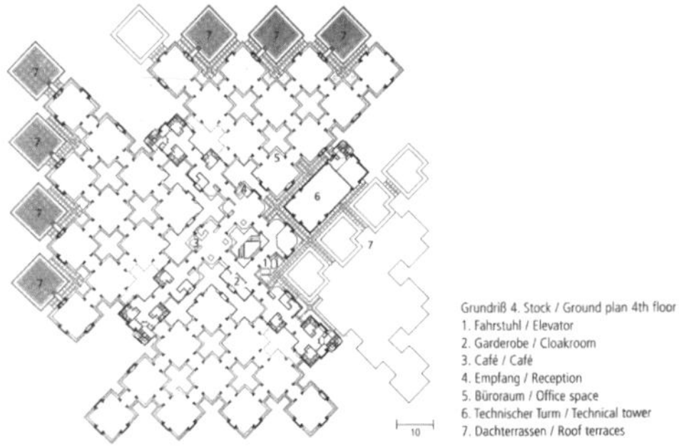

16
中央贝赫保险公司总部大楼鸟瞰及平面图

建筑越大，均质的框架网格在组织形态上就越显单调，直接的结果就是人居环境的机械化。而传统城市，哪怕是小小的一块街角，在空间组织上也有多个层级。建筑难道不应该向城市学习，以形成更加丰富、更加细腻而接近于自然态的连续空间吗？同一时期勒·柯布西耶其实也曾意识到这个问题，在 1965 年设计的威尼斯医院（Venice Hospital）方案中，柯布将建筑定义为一个重复单元构成的微型城市，以护理单元（Unités de bâtisse）为基础，建筑中出现了一系列花园、广场和四面延伸的街道。他模仿威尼斯的城市肌理，将病房隐藏在这个微型城市的空间形态之后。[17]威尼斯医院预示着单元形态无限延展的可能，整个建筑结构上并非由单元聚合而成，但看上去很像是由独立单元组成，尤其是那些剖面上显示为折线的“伞拱”。[18]

历史学家认为柯布是受了“十次小组”（Team X）的影响，才做出威尼斯医院方案的。[5] 不管谁影响了谁，是凡·艾克率先提出“一栋建筑就可以是一个小城市”。他把不同功能装在相同的单元盒子里，按使用者年龄形成组团，把组团视为家庭，用不同尺寸的穹顶覆盖，为每个单元设置独立的室外活动场地，又把内廊说成是街道。虽然结构主义的实验未尝使建筑摆脱连续空间网络的印象，但它提出的问题是重要的：建筑何以占据空间？在传统城市中，与人体尺度相关的建筑单体成为空间基本单元，这个视角将群体空间问题导向单元组织问题。

上述几例中，设计师们发现了建筑可以成为城市，却依旧不肯放弃理性网格。后来西泽立卫（Nishizawa Ryue）设计森山邸（Moriyama House，2005）时，为满足户主在居住的同时可以独立出租的要求，以功能房间为独立单元，将建筑拆解为 10 个大小各异的方形体块，散布于街区地块中，不同单元中分别居住着房主、单身男女、夫妇及艺术家。建筑与街道公共空间并无明显边界，通过精心设定距离，单元间的庭院如同周围城市中的公共空地。最终建筑群体以一种十分精妙的尺度融入了附近街区，住户如同住在街道中一般。

[5] “据柯布西耶设计医院的主要助手、首席建筑师朱利安回忆，当时‘十次小组’的成员阿尔多·凡·艾克的学生布洛姆（Blom）设计的通过无限制的重复和不确定的比例等形式来精确地显示出房屋与城市间的类似性的方案——‘诺亚方舟’对医院的发展产生了重要的作用，而医院又明显与康迪利斯、诺西克和伍兹为柏林自由大学所做的方案有关。医院的顶平面的理念又令人联想起柯布西耶在北非对伊斯兰大学的研究——学生的居住单元聚集在小庭院周围，形成了环绕中央庭院的系统。而现在也很难讲清楚到底是谁影响了谁。”见：沈开康《最后的开端——威尼斯医院解析》，载《建筑师》2008 年第 5 期第 67 页。

17 威尼斯医院的空间组织逻辑

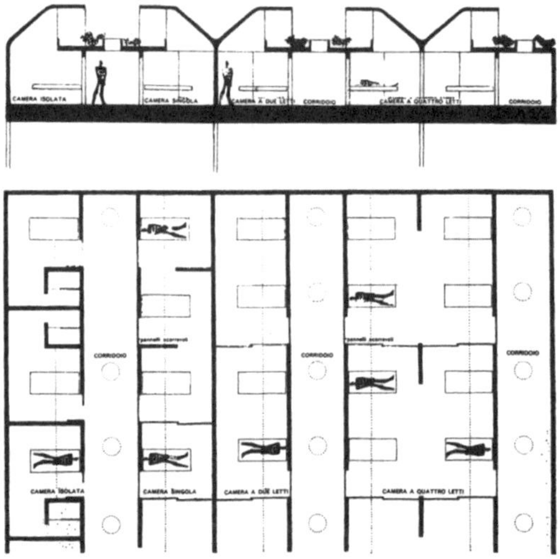

18 威尼斯医院剖面图与平面图

从城市肌理上看，很难说这究竟是一座建筑还是一个微型社区。在住宅这么细微的尺度上，建筑居然解体了，在功能上离散了，聚落化了。那么，它还能算是一座建筑吗？[19]

与龙美术馆较为相关的案例是瑞士建筑师卒姆托（Peter Zumthor）设计的瓦尔斯温泉浴场（The Therme Vals，1996），水池中散布着若干具有不同功能的长方盒子体量，分别容纳热汤、冷汤、淋浴、更衣、休息等功能。其上各向单侧挑板，结构—空间单元即为每个带深远出挑的矩形盒子，除高度

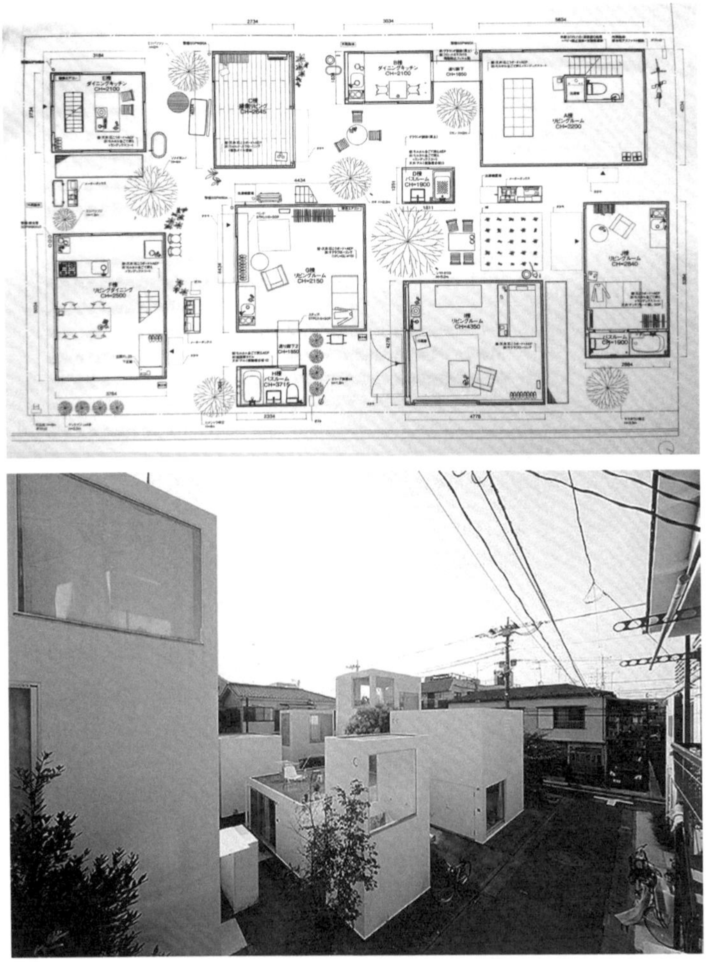

19

森山邸的平面布局和外景

外大小方向各不相同，形成一种密斯式的自由流动空间组织。其上交接处留缝隙，自然光流泻而下。20 除了基本单元有所差别，这座建筑与龙美术馆的空间组织逻辑是类似的，盖因其单元本身也是房屋，故更像一个小小聚落。与龙美术馆一样，这座建筑具有“独立单元，同类重复，自由布局，若即若离”的空间组织特点。21 同时，作为基本组织单位的结构—空间单元是隐而不显的，建筑的总体面貌是一个完整的大盒子，而不是一簇聚在一起的小盒子。

柳亦春和陈屹峰也曾在文章中提到：“一个建筑，也可以是一个小城市。”[6] 说到底，“建筑问题类似于城市问题”“建筑空间可以像城市空间”这样的说法只是打比方，建筑问题和城市问题终归还是有区别的。与建筑相

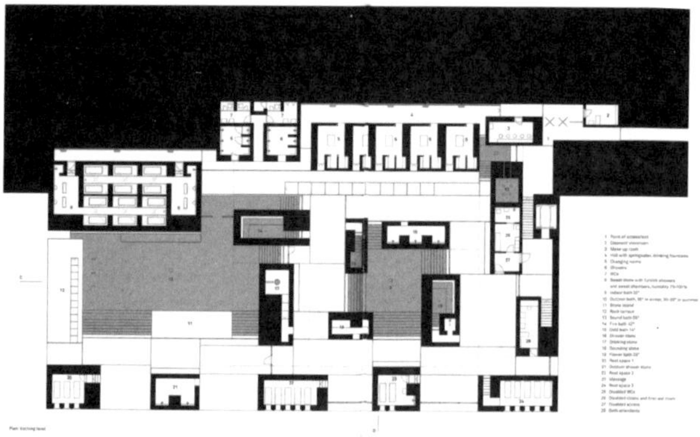

20
瓦尔斯温泉浴场平面图

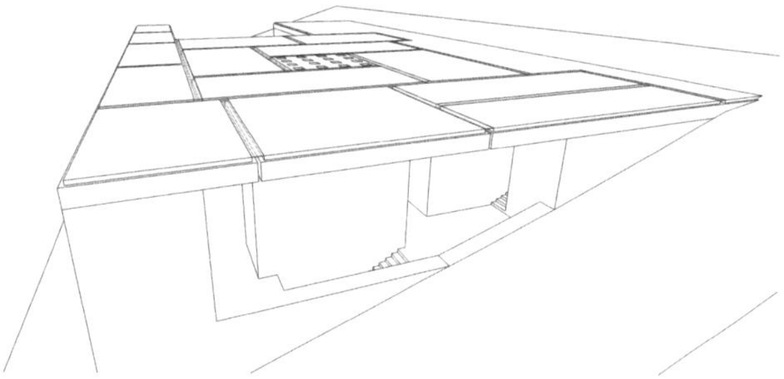

21
瓦尔斯温泉浴场结构示意图

[6] 柳亦春、陈屹峰：《小城市——青浦青少年活动中心》，载《室内设计与装修》2013 年第 3 期第 106 页。

比，自发生成的城市空间灵活自由而有内在的条理。虽然我们可以探讨它的生成机制并将其移植到建筑设计中，但并不是说建筑真的可以做到像城市一样自由。

对于单元聚合式的建筑与城市之间的关系，柳亦春有着清醒的认识。[7]同一种空间组织逻辑，在龙美术馆是结构层面的、内在的，而在青浦青少年活动中心（2012）则是直观呈现的，所以柳亦春将后者归为“前期”方案，特点是“抽象的、强调概念的”。

以类同型异的独立单元来构思建筑并直观呈现之，在大舍早先的作品中并不鲜见。这些单元似分实聚，既不像一般意义上的单体建筑，也不能看作真正的城市聚落，有一种独特的“中间”状态。对于青浦青少年活动中心[8]，22 柳亦春说，是旧城的小尺度体块聚合的空间氛围刺激了这个方案

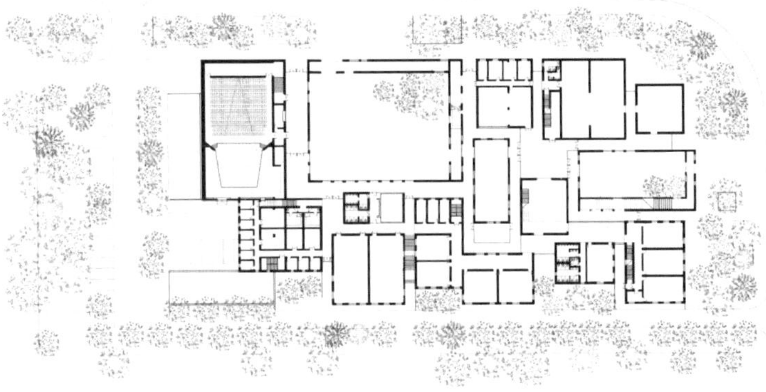

22
青浦青少年中心平面图

[7] “我们并不希望建筑的体块用一种多元的方式来做，毕竟它最终将呈现的是一栋建筑，当然这也并不是说假如用一种多样化的方式来做就不会形成一个整体性的建筑。我们只不过是借助于城市的组织模式，设计了一个有着小城市特性的建筑，目的并非为了体现体块的多元性或者再现城市的丰富性。”参见：祝晓峰、柳亦春、陈屹峰《青浦青少年活动中心对谈录》，https://www.douban.com/note/230156160/

[8] “在这座建筑中，设计方法是平面格局优先，内部空间设计是后置的，其形态的设计受到很大的制约。在如此的设计操作下，常常会出现的状况是，在这种布局条件下，建筑内部可以创造出建筑群间形成的类似街道的感觉。”见：王方戟《抽象秩序与现实制约间的纠缠——论青浦青少年活动中心的设计方法》，载《建筑学报》2012 年第 9 期第 28 页。“由于这座建筑中的廊都是没有气候封闭的半开敞空间，廊下便有很多深处比较幽暗的开敞空间，与江南传统民宅内院边的一些廊下或开敞式厅堂空间很像。”第 29 页。

的构思，城市的空间特质以“记忆呈现”的方式为方案带来丰富的趣味。23 [9]

其实早在 2004 年完成的夏雨幼儿园中，大舍就已经尝试了依功能区分空间，使基本形体独立单元化的空间组织逻辑，在内部创造了一条曲折的街巷空间，而设计构思也正是从水乡街巷环境和园林中得到启发的。24 一篇评论文章认为，在概念构思阶段，设计师更多是在考虑宏观问题如“内向性”和“游园式”，而小尺度院落空间的引入是方案深化过程中自然而然的结果：“这也许是基于大舍对传统所持的态度：有所关联，但保持距离。”[10] 这是否意味着，采用小体块、单元聚合的空间组织逻辑，是与传统既相濡以沫，又审慎地保持距离的？但在夏雨幼儿园中，“游离的小体量”是一种图底关系上下并置、互为反转的结果，是一种相对抽象的形式操作，在直观体验上，与真实街区的丰富混杂尚有距离。在青浦私营企业协会办公楼（2005）的前期方案中，功能也具象为一系列大小不等的体块，以街区的形态聚合在一起。朱家角海事小楼（2005）采用 6 个大小不一的双折屋顶盒子体量两两角部相连，形成曲折的公共区域，模糊了室内外。南京吉山江苏软件园 6 号地块（2008）也是一组相似体块的聚合，像夏雨幼儿园一样上下叠置，彼此间的角度略微扭转。25 西溪湿地 E 地块酒店（2007，方案）则是不规则多边形之间的组合团簇与虚实变化。26 在 2009 年的上海宁国禅寺方案中，像青浦青少年活动中心一样，大舍采用了一系列大小不一的矩形体量，唯在每个独立单元内又容纳了室内和室外空间，出现了多层嵌套的虚实转换，是一个

[9] “既然把这个建筑想象成一个小城市，那么在这个小城市中就有各种路径，一层的从院子到院子，或者通过楼梯或坡道上二层巷道，再深入地上三层的屋顶平台，等等。这些外部空间的路径都可以迴转通连。在这些路径中行进的时候，能够感受到这边串联了一个院子，那边是一个可以眺望远方的平台，这边又是一个具有较高围合的空间或者露天剧场，院子有的种了紫藤、有的种了桔子树……”祝晓峰、柳亦春、陈屹峰：《关于“抽象性”——青浦青少年活动中心对谈（续）》，见：《建筑七人对谈集》编委会，《建筑七人对谈集》，同济大学出版社，2015 年，第 47 页。又，柳亦春、陈屹峰：《情境的呈现：大舍的郊区实践》，载《时代建筑》2012 年第 1 期第 44-47 页。文中谈到大舍的实践对江南水乡的借鉴：“常常，我们因为身处于这个一直还被称作‘南’的地方，还有偶尔畅想一下诗情画意的满足感，那些自然风景、风土留存——水乡、园林、民居等在我们心中的位置很容易先入为主地把我们引向某种留恋的思绪。在城市化这个看似人类发展的必然过程中，这种思绪该以怎样一种方式呈现，这成为大舍的郊区实践中一个非常核心的内容。”

[10] 祝晓峰：《取与舍：对夏雨幼儿园建筑构思的评论》，载《世界建筑》2007 年第 2 期第 35-37 页。

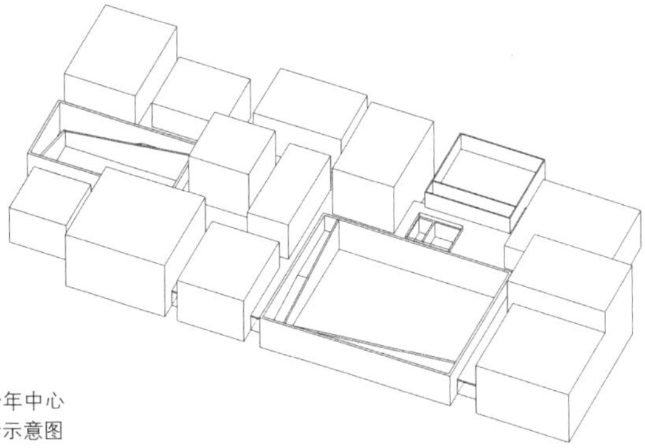

23
青浦青少年中心
体量分析示意图

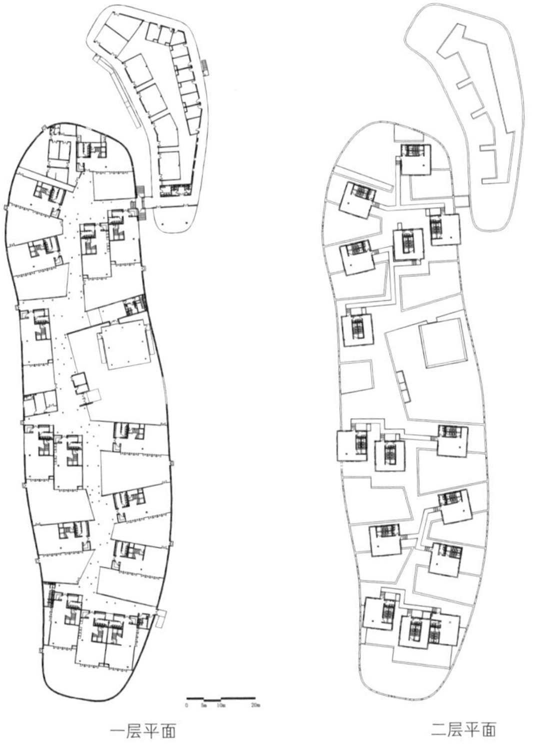

24
夏雨幼儿园平面图

25

南京吉山江苏软件园 6 号地块平面图

26

西溪湿地 E 地块酒店平面图

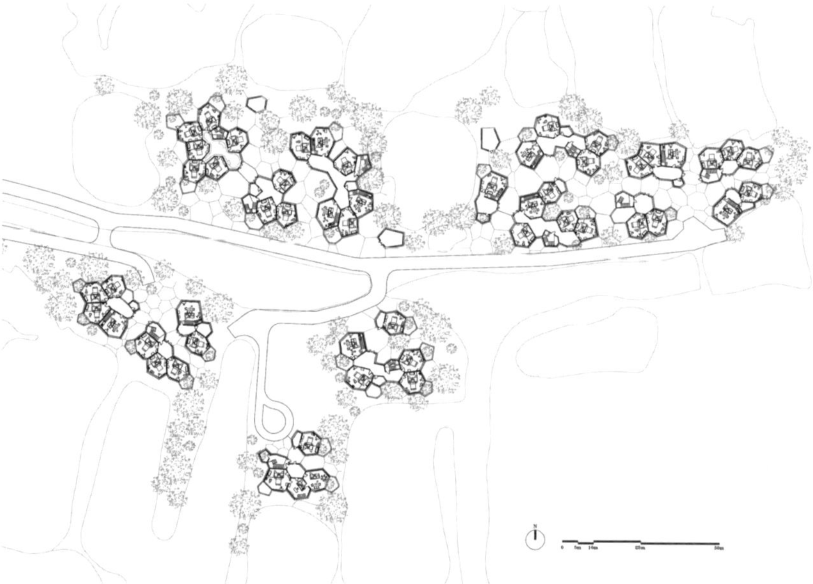

极有意思的现代佛寺设计，可惜并未实施。27

卒姆托在瓦尔斯温泉浴场的设计中，通过拼图般的手段将独立单元组合起来，使方案在宏观上获得统一面貌，想要了解它的空间组织逻辑，需要花心思去破解。与之相比，大舍前期多数采用独立单元的模式，都将这个规则直接呈现于使用者面前，抽象又清晰。不知是否是意识到这个问题，在嘉定新城幼儿园（2010）和螺旋艺廊（2011）方案中，大舍使用了更加含蓄的手法。嘉定新城幼儿园与鄂尔多斯 P9 办公楼（2010）探讨的是单元在垂直方向上的组合叠放，单元的即视感被弱化了。至于螺旋艺廊，很难把它想象成是单元聚合的变体。但它所探讨的问题，如内与外、上与下、路径与界面、实体和空间等，都代表一种远为丰富的组织逻辑，与太极图一样，预示着一

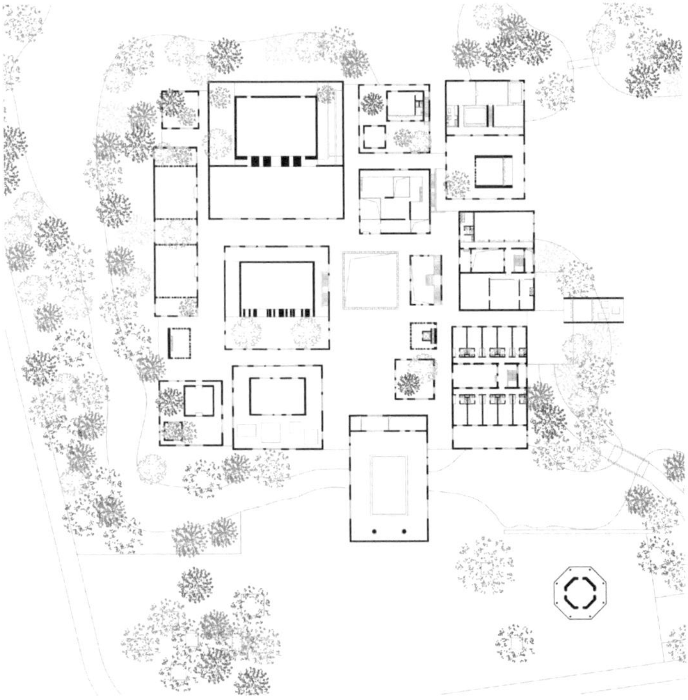

27
上海宁国禅寺平面图

种带有强烈张力、彼此相容相斥的辩证关系，逻辑依旧显而易见，体验却要复杂许多。

回顾大舍早期的理论阐述，对“离”的重视，不仅与对水乡空间的体验有关，也与宗白华的美学思想密不可分："建筑之美，是可以基于关系的表达的，如‘附丽’，是告诉我们建筑与它的周边环境不可分离；如‘离合’，可以让我们关注建筑群体的形式特征。建筑之美，可以不是一个简单的立面形象，也是可以基于关系表达的。”[11] 对于大舍，“离”始于一种美学认知，渗透到建筑作品中，从视觉逻辑、空间体验再到行为模式，都体现了对群体关系的关注。而群体的组织并非强求一种逻辑的严谨推理，而是偏重模糊带来的多种可能。个体的个性并不凸显，而是借由个体之间类同型异的微差，以及个体之间相互的依存关系，带来一种含蓄的丰富性。正如陈屹峰在访谈中提到的那样："我们不断地这里叠加一层、那里减去一层，去追求一个最佳的状态。对我们来说，这个状态应该是建筑因为累积了各种富有节制的变化而呈现出勃勃生机，以及这种生机所带来的细腻和微妙的诗意，就像传统的江南园林那样。我们不赞成大喜大悲式的宣泄。”[12]

可是，传统南方街巷空间和园林宅院，在内与外、上与下、路径与界面、实体和空间等方面的关系，是否可以用一些抽象体块和彼此间远远近近的关系加以表达呢？在这样的提炼、转译和再现过程中，是否有一些难以抽象化或清晰表述的关系流失了？与高度人工化的现代城市相比，传统街市带给人一种丰富细腻的空间经验，它并不掩饰什么，却容许多层次的解读，含蓄又自然。置身于这些聚落空间中，不可思议的效果打动着一代代的空间阅读者，从卡米洛 · 西特（Camillo Sitte）到凡 · 艾克到原广司（Hiroshi Hara），再到今天的中国建筑师，人们不能不对自然形成的人造环境生出兴趣，希望破译它的生成法则，将其融入现代建筑与城市的设计实践中。

一个有趣的例子是勒 · 柯布西耶的朗香教堂，它以雕塑般的形体隐藏了空间组织规则和建造逻辑，所强调的唯有关系：墙体与墙体的交接、屋顶与墙身的碰撞、开口的大小和相互位置、圣坛的方位与高度。这个建筑给人

[11] 柳亦春、陈屹峰：《情境的呈现：大舍的郊区实践》，载《时代建筑》2012 年第 1 期第 44- 47 页。在这篇文章中，作者详细地梳理了事务所作品同“离”的美学思想的关联。

[12] 王桢栋、苗青、李晓旭：《时代与地域的对话——大舍建筑事务所设计思想解读》，载《建筑师》2014 年第 5 期第 114-124 页。

的直观感受是分崩离析，每个部分都以三维雕塑的形态独立存在，或大或小，彼此脱开。28 为了强化这种分离感，屋顶与墙身脱开的地方特意留出缝隙，让光线从中流入晦暗的室内。其他如每一面墙壁的交接处、大小形体的转换处全部都留缝隙，好让这分崩离析的感觉时刻轰炸人的视觉。但是，奇怪的是，这个建筑给人的总体印象是非常紧凑、富于张力的，它的形体在雄强与委婉之间自由来去，难以言喻。我曾看过朗香教堂的骨架模型，基本上可以看作梁柱结构的复杂变体，好像雕塑家用铁丝制作的龙骨 29。柯布的晚期作品经常无视空间意象与建造逻辑的统一，将表意视作唯一目的。在朗香教堂中，与结构主义建筑师相反，柯布用秘而不宣的理性框架，表达了建筑各部件的独立。

朗香教堂或拉图雷特修道院并未采用独立单元、同类重复的设计手段，也许是因为在柯布内心中，连续占据空间的最动人方式并非乡土聚落，而是人类精英的创造——雅典卫城（Acropolis）和罗马城市。在纯粹主义（Purism）住宅和光辉城市（Ville Radieuse）时期，柯布曾采用抽象明晰的空间修辞，无论是 400 米宽的矩形路网还是折线形的建筑布局都一目了然，街巷空间因

28
朗香教堂平面图

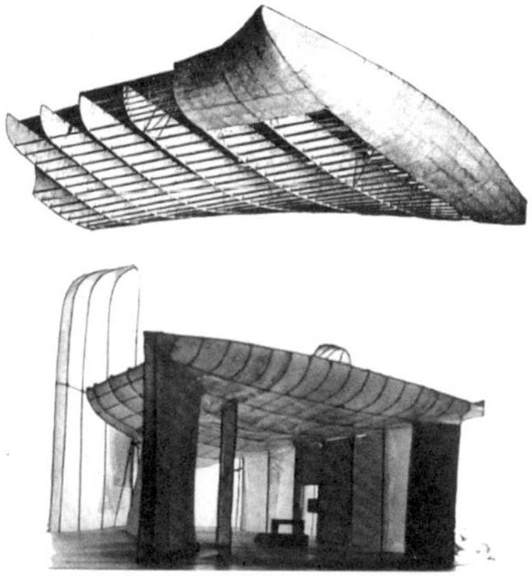

29
朗香教堂的骨架模型

而缺少晚期城市方案，如昌迪加尔政府广场（Chandigarh Capitol，1954）或东京国立西洋美术馆（National Museum of Western Art，1957）中强烈的张力。[30]在后两个城市设计方案中，彼此分离的地形、建筑物、构筑物、雕塑，甚至植被都成为统一领域中的塑性物体，在形态和尺度上跨度极大，不仅占据了空间，也召唤来强烈的形式张力，使开敞的城市环境像朗香教堂的室内一样紧凑有力。[31]

可是在威尼斯医院方案中，柯布重新回到多米诺体系的理性框架和单元式的空间组织逻辑。强有力的建筑单体（如马赛公寓）被小尺度聚合而成的大尺度、无差别的空间延伸和单元间的微妙差异取代了。柯林·罗（Colin Rowe）在《拼贴城市》（*Collage City*）中认为昌迪加尔那样的城市是“实体城市”（city of object）。[13]不难猜想，它的源头是希腊和罗马的城市。但在威尼斯医院中，柯布回到人类聚落的一般形态，也许是威尼斯这样的“织体城市”（city of fabrics）给柯布以启发。独立的建筑单元相似相续，聚合在一起形成统一肌理，再切割出路网和广场，建筑不是纪念物而只是连缀空间的界面，召唤出特殊的空间张力。[32]

传统江南街巷空间和园林图底，显然也是“肌理城市”的一种东方形态，

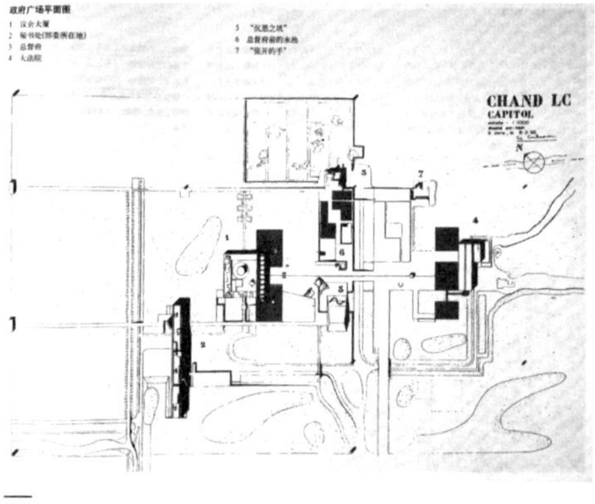

30
昌迪加尔政府广场总平面图

31
东京国立西洋美术馆模型

[13] “实体城市，即以不围合空间的实体建筑组成的现代城市，而其中的建筑则称为纪念性存在的建筑。在实体城市中，城市被看作是开敞的空间，而建筑作为三维的体块插入其中，就如同一件雕塑品坐落于广场之中，建筑物成为积极的纪念性要素，产生一种‘复杂建筑和简单城市’的效果。”参见：沈开康：《最后的开端——威尼斯医院解析》，载《建筑师》2008 年第 5 期第 69 页。

32
威尼斯的城市肌理

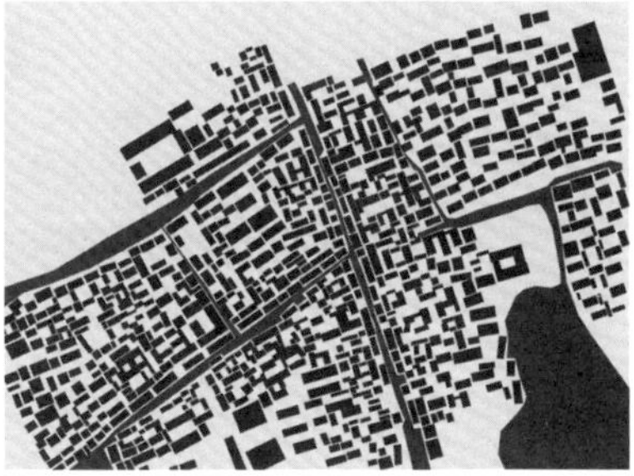

33
中国南方的传统城市肌理

本质上与威尼斯近似而有别于罗马废墟。33 我常想，如果柯布的职业寿命得以延续，会不会有朝一日将威尼斯医院的空间单元也一一拆解开来，使它们像朗香教堂的形体部件般分崩离析，通过找到多米诺体系和单元聚合式的结合点，获得辩证的空间张力。空间并非因围合而完足，而是在即将分崩或聚拢的一刹那最富感染力，这正是卡米洛·西特从意大利广场中悟出的造型规律。

在中国南方一些依然保留着传统尺度和街巷格局的城镇里，尽管很多房子已经是砖混结构，但街巷依然密集，两侧深色的墙体和多层次的院落空间使街面变得透明，头顶深远的挑檐几乎合拢，让街巷和广场呈现室内般的暧昧效果。34 组成界面的建筑单体虽大体雷同、简单重复，却依地形自由布局，像一座森林中的无数片叶子，显得千姿百态、丰富无比。现代物理学引导我们思考空间的本质，包括人类自身，都是一簇不可观测的波动态粒子，因吸引而聚合，因排斥而保持距离，彼此纠缠，若即若离。实体非实非空、空间非空非实，在这般暧昧的造型法则面前，人们用以填充空间的理性架构太有限了。

在一篇探讨结构与空间关系的文章《结构为何？》中，柳亦春指出建筑师的空间表现意图先于结构技术思维。[14] 龙美术馆似起意于此却并不尽然，通过上述分析，我们知道它以城市肌理思考建筑设计，与大舍一直以来的坚持有关。面对如何占据空间的问题，建筑必须做出两个方面的解答：一是如

[14] 柳亦春：《结构为何？》，载《建筑师》2015 年第 2 期第 44-51 页。

34
传统江南街巷的光影效果

何优美地垂直承托，二是如何优美地水平延展。此二者彼此关联如树木与森林。答案在历史中，更在自然里。柯布毕生钟爱多米诺体系而较少尝试新奇结构，或因矩阵框架更加基本，也更具普遍意义。朗香教堂向我们展示了最基本的结构形式和最强烈的表现意图的统一。但城市空间不可能是由连续的框架结构组成的，部分与部分之间依然是各自独立、又以某种关系聚合在一起。思考关系问题，可使我们进一步窥得自然的形式奥秘。

2016 年
—
9 月 10 日

明代小说插画空间语言探析[1]

艺术家的倾向是看到他要画的东西，而不是画他所看到的东西。

—

贡布里希[2]

蕴含在中国传统绘画中的空间构造语言，一般以“散点透视”的名称总括之，其实是相当宽泛的说法。所谓“散点透视”是与“科学透视法”相对而言，二者都在纸面上构造了现实三维空间的虚拟副本，都可以被理解与欣赏。但二者所使用的空间语言是不同的，与科学透视法背后清晰的数理关

[1] 与王一同合写，原载《建筑学报》2016 年第 4 期第 112-117 页。

[2] E.H. 贡布里希：《艺术与错觉——图画再现的心理学研究》，范景中等译，广西美术出版社，2012 年，第 73 页。

系相比，“散点透视”与其说是一种“透视”，不如说是一系列灵活而综合的空间认知经验—视觉构造法的集合。它也许并不“科学”，但不仅能够起到叙事的作用，且能传神与抒情。为了更好地理解这种空间语言，我们不妨从明代小说内附的木刻版画插图入手，进行一番考察。与其他传统图绘体裁如舆图或山水画相比，小说插画既分享类似的空间想象，又有着清晰的叙事意图和结构特征，适用于建筑学式的分析解读。明代小说版画插图的作者们完成了卷帙浩繁的文学作品图像化工作，其存留的数量和质量也令人惊叹，[3] 是极好的研究素材。

明代与欧洲文艺复兴几乎是同一个时间，[4] 两边图绘空间语言的差异因而更加耐人寻味。假如我们认同题语中贡布里希的观点，不妨将这种差异归结为由空间认知上的分歧所致，[5] 不同文化意识下的视觉图像因而是社会历史性的，代表了特定知识结构下迥然不同的观想方案。如两幅《西厢记》“逾墙”场景的配图，前者为万历年间环翠堂版插画 1，后者为 20 世纪 60 年代初王叔晖所绘的《西厢记连环画》2。王画更符合今天读者的视觉心理习惯，它采用一点透视绘成，人物比例关系和湖石光影显然受到西画的影响。但是当我们审视环翠堂版的画面，会发现其内容依然清晰可读，无需任何思维转换。画中没有灭点，也无法确定消失线，作为轴测图亦难言准确。换句话说，它并不“科学”，但对情节的交代却更加忠实。[6] 在这幅 350 年前的插画面前，我们不禁要问，这种几乎已经被遗忘的空间语言，对表意而言到底有什么好处呢?

[3] 本文所采用的明代小说插画素材，主要来自《中国古代小说版画集成》《明清刊〈西厢记〉版画考析》《中国古版画》《中国版画史图录》等，另有《古本小说版画图录》《古本戏曲版画图录》作为参考。

[4] 郑振铎把明代（1368—1644）小说插画界定为明初、嘉隆年间、万历年间、明清之际等 4 个时期，而万历年间是小说插画的成熟期。万历至崇祯年间，小说插画题材广泛，刊印精致，空间表现达到了较高水平，本文主要讨论对象为这个时期。文艺复兴（14—17 世纪）对西方的一些美学传统影响深远，甚至直接影响了现在的空间表达。

[5] 贡布里希的《图像与眼睛——图画再现心理学的再研究》《艺术与错觉——图像再现的心理学研究》等著作中对图画的空间表达做出了比较详尽的研究，《艺术与错觉》第二章《真实与定型》中涉及文化背景对于空间表达的影响。

[6] 图 1 交代了两个院子的情形，甚至画面的右下方有一扇闭锁的门，这对于张珙翻墙入院做出了一定解释。而图 2 中这样的表达则变得困难，其中莺莺位于画面相对居中的位置上，距离院墙较近，这与原文张珙入院先遇到红娘的情形不符。这可以归结为构图上的考虑，如果将莺莺置于边角，并不足以表达主角的重要地位。相对而言，图 1 对故事的还原更为精确。

1
万历环翠堂版《元本出相北西厢记》插画。
出自：董捷《明清刊〈西厢记〉版画考析》，河北美术出版社，2006年，第45页

2
王叔晖《西厢记连环画》。
出自：王叔晖绘制《〈西厢记〉四条并年画》，人民美术出版社，1980年

一、独特的视点选择

我们会发现，这些来自明代的插画作品无一例外地使用了俯瞰视角。很显然，这种角度有助于对环境中的景物与事件进行全局式概览，却并不利于表达室内场景中发生的种种情节。如《二刻拍案惊奇》中的这幅插画[3]，与拉斐尔的《雅典学院》[4]相比，它也费力去刻画一个人群聚集的室内大空间，可依然只能呈现内部的一角。仔细分析可知，这幅画采用了全局鸟瞰视点和大殿室内较低的局部视点的结合，甚至给二层楼座单独设了另一个

3

崇祯尚友堂本《二刻拍案惊奇》卷五《襄敏公元宵失子，十三郎五岁朝天》插画。出自：汉语大辞典出版社编《中国古代小说版画集成 五》，汉语大词典出版社，2002 年，第 345 页

局部视点。这样，当观察者望向画面的不同部分，他就好像一会儿凌云纵览，一会儿俯身下察，从而同时得到了关于这一现场的内与外、整体与局部的各个层次的空间信息。相对而言，《雅典学院》仅呈现了单一视点之下的具象空间经验，好像瞬间完成的时空切片。

视点是画家描绘和构思图画空间的出发点，也是观赏者观看图画的基准点，观者与画中之境通过这个逻辑上的位置建立了具体联系。[7]如唐寅的《王蜀宫妓图》，只将视点略微上移，就让围成一组的四位宫妓的面部不致互相遮挡，而将更多的信息传递给观者。在文艺复兴绘画中，视点是固定的，可以通过几何关系推理得出。这也就确定了唯一的观看角度，绘画正是从这个角度生成的视觉影像。与此相对，在晚明小说插画中，理论上并不存在确定的视点，但通过对画面中事物不同侧面的展现，可以推断出绘图者大致的观察方位，进而得知视点的大概范围。视点方位多样而游

[7] “在透视中，视点跟消失点之间有着严格的对应关系，消失点的存在实际上规定了画家和观赏者眼睛所处的位置。可以说，消失点既给身体一个出场机会（必须在某个位置观看图像），同时又是对身体的抽象（把身体缩减为一只睁开的眼睛）……在这个意义上，透视也表征着主体的出现。在透视中，主体借助目光来把握世界”。邹建林：《图像观念的文化差异》，载《读书》，2015 年 9 月，第 47-54 页。

4

拉斐尔《雅典学院》，1509 年。
出自：《拉斐尔油画》，载于有画网，
http://www.youhuaaa.com/page/painting/show.php?id=44149

移，画师笔下假想的主体不断变换着视觉参照系，牵引观者的目光反复进出于画面内外，通过多次、多角度的观想活动获得空间经验，以动态的方式融入绘画空间。

就这样，在高视点和多视点的协同运作之下，观者不仅从整体上把握故事发生的室内外场景，也对各个“分镜头”式的情节线索进行了代入式的解读。画面的作用不是主体瞬间视觉经验的客观“再现”，而是连续时空中情节铺陈的说明式“图解”。在晚明时代，随着这种空间语言发展成熟，画面更趋复杂精致，复线的叙事、交叠的时空和变形的元素大量出现，诸多纷纭的细节和连绵的线索需要在画面中各就其位、彼此呼应，而画师用来统摄画面的，是一套建立在传统空间经验之上的视觉构造法。

二、多样的视觉构造法

图画是三维世界在二维表面上的虚拟影像。科学透视法的意图，在于使画面上的每一根投影线都有确定的根据，从而使笔下虚拟世界尽量“客观”。如果绘画者追求的并不是“客观”而是其他目标，如复杂的叙事、饱满的情绪或崇高的秩序感，那么线条或色块即便没有什么“科学”依据，依然是充满意义的，甚至非如此不可。为了建立一套简单易读且具有高度适应性、与同时代的物质空间环境相表里的绘图方案，当时的画师们采用了一系列独特的空间语言。除基本的方位刻画之外，可以归纳为五种具体方法：并置、移位、转向、拆解、压缩。其本质目的是为了消弭空间阻隔，在单一画面中既表现大场面，又交代小细节，揭示关系，引出线索，让情节流动起来。下面逐一来介绍这五种方法。

并置法，类似于蒙太奇，是将发生在不同空间的情节绘于同一幅画面之上。例如万历本《新刻钟伯敬先生批评封神演义》第八十七回《土行孙夫妻阵亡》插画中，画面被城墙和山体分为上下两部分[5]。上半绘土行孙被张奎斩首，下半绘邓玉婵与高兰英激战。对于真实世界里的人来说，这两场战斗分别发生于城墙内外，不可能同时被观察到，画师却通过提高视点、上下并置，将情节连缀起来。此处城墙作为空间划分工具，虽然在画面中只有窄窄一条，却成为叙事纽带。又如崇祯尚友堂本《二刻拍案惊奇》卷三《权学士权认远乡姑 白孺人白嫁亲生女》插画[6]中的两个主要建筑，一间正房是白孺人家，其中白孺人在为女儿筹办婚事；一间厢房是当铺，权翰林差人到此借儒巾儒服。一幅画面两个情节，奇妙之处在于白孺人家的厢房居然就是当铺，这显然有悖常理。但画师变不可能为可能，通过空间上的挪移，将两个情节拼合在一起。

移位法，即将画面中的事物移动位置，让出视野，暴露情节，避免遮挡。例如崇祯尚友堂本《拍案惊奇》卷十七《同窗友认假作真 女秀才移花接木》的插画[7]，房屋纵深极大，一直延伸到画面之外，而围屏床及床上人物却位于画面最前端，紧贴山墙入口。依常理而言，床第本不该在如此显眼的位置，

5
万历本《新刻钟伯敬先生批评封神演义》第八十七回《土行孙夫妻阵亡》插画。
出自：《中国古代小说版画集成 五》，第431页

6
崇祯尚友堂本《二刻拍案惊奇》卷三《权学士权认远乡姑 白孺人白嫁亲生女》插画。
出自：《中国古代小说版画集成 五》，第342页

7
崇祯尚友堂本《拍案惊奇》卷十七《同窗友认假作真 女秀才移花接木》插画。
出自：《中国古代小说版画集成 五》，第 24 页

且孟沂与美人幽会更应避人耳目。然而作者移花接木，就是为了把人物暴露出来。又如万历本《新刻钟伯敬先生批评封神演义》第二十五回《苏妲己请妖赴宴》插画[8]，台基上本该沿轴向对称布置的两排桌子整体向画面右侧偏移，这显然是为了防止左侧人物受画面宽度制约而不能画出。

转向法，即将部分事物扭转方向，以避免遮挡。如崇祯尚友堂本《拍案惊奇》卷十四，《酒谋对于郊肆恶 鬼对案杨化借尸》插画[9]，房顶以柱为轴旋转了一定角度，避免了屋面遮挡屋内情节。屋檐旋转后与图框平行，在构图上也有章可循。屋面又通过柱子与其他部分相连，逻辑上也得以成立。又如崇祯尚友堂本《二刻拍案惊奇》卷二《小道人一着饶天下 女棋童两局注终身》插画[10]，下方女棋童置身其中的房屋，正面与山墙面几乎平行。但从正门中看到的景物和通过山墙上圆窗看到的景物，却向完全不同的方向倾斜。单从任何一个面来看都是合理的，但若同时读取两个方向，于逻辑上并不通顺。可见为了让女棋童更好地暴露出来，画师将山墙面扭转了一个角度，室内也因此变成了一个“不可能空间”。在绘制同一栋建筑的正侧两个面向时，画师灵活采用了不同的视觉参照系。

8

万历本《新刻钟伯敬先生批评封神演义》第二十五回《苏妲己请妖赴宴》插画。
出自：《中国古代小说版画集成 五》，第369页

9

崇祯尚友堂本《拍案惊奇》卷十四《酒谋对于郊肆恶 鬼对案杨化借尸》插画，分析图为王一同绘制。
出自：《中国古代小说版画集成 五》，第 24 页

拆解法，即是将房屋或院落的墙垣省略，或是门窗的开口人为扩大，以避免遮挡。如崇祯年间《新镌出像批评通俗演义鼓掌绝尘》第八回《泥塑周仓威灵传柬 情投朋友萍水相逢》插画[11]，房屋的左右墙壁与柱子被全部省略，使得室内景象一览无余。又如万历年间刊印的《紫钗记》第四十九出《晓窗圆梦》插画中[12]，左侧房屋墙面圆窗尺度夸张，将霍小玉、黄莺儿等人物悉数呈现出来。

压缩法，即将体量较大的事物压缩，使其与体量较小的事物并置于同一画面中。例如万历年间脉望馆校息机子《古今杂剧选》本中《望江亭中秋切鲙旦》插画[13]，望江亭的尺度被反常缩小，使谭记儿几乎有两层楼高，避免了因人物过小而无法辨认，从而将望江亭和谭记儿两个尺度差异巨大的主要元素在同一画面中交代清楚。又如万历本《封神演义》第十一回《羑里城囚西伯侯》插画[14]，姬昌在屋内，门外即是城墙，且被严重压缩。张彦远在《历代名画记》中曾形容南北朝绘画重意而不重形，而有“水不容泛，人大于山”

10
崇祯尚友堂本《二刻拍案惊奇》卷二《小道人一着饶天下 女棋童两局注终身》插画。
出自：《中国古代小说版画集成 五》，第 339 页

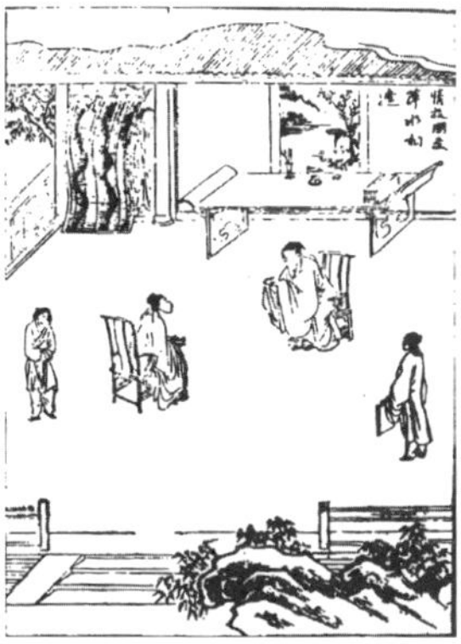

11
崇祯年间《新镌出像批评通俗演义鼓掌绝尘》第八回《泥塑周仓威灵传柬 情投朋友萍水相逢》插画。
出自：《中国古代小说版画集成 五》，第 270 页

12
万历年间《玉茗堂四梦·紫钗记》第四十九出《晓窗圆梦》插画。
出自：刘昕《中国古版画 · 人物卷》，湖南美术出版社，1998 年，第 171 页

的特点，[8] 类似的绘画特征在 1000 多年后的晚明依然存在，这大概并非画工技艺不精，而是由于版画保留了早期图画的一些属性。

以上谈的是变化，是权宜因借，巧于应对，为表意服务。但变化得有限度，否则物象破碎、逻辑混乱，连图画都不是，叙事更无从谈起了。以上五种方法，如此罔顾真实、煞费苦心，目的无非是暴露情节中的“重要”之物，宁可牺牲画面的合理性也要追求表意的完善。所以，要在细节处夸张扭曲，整体又入情入理，以常识之眼观之无任何违和之处，才显出本末清楚、手段高明。移位、拆解、扭转、变形之后，还要把搞乱的画面给弥补回来，这是一项更加重要、也在插画中被普遍应用的技巧，它创造了空间场景之间或实或

[8] 唐张彦远《历代名画记》“论画山水树石”一节谈到：“魏晋以降，名迹在人间者，皆见之矣。其画山水，则群峰之势，若钿饰犀栉，或水不容泛，或人大于山。率皆附之以树石，映带其地。列植之状，则若伸臂布指。详古人之意，专在显其所长，而不守于俗变也。”又，张彦远在叙论中认为：“是时也，书画同体而未分，象制肇创而犹略，无以传其意，故有书；无以见其形，故有画。天地圣人之意。按字学之部，其体有六：一古文，二奇字，三篆书，四佐书，五缪篆，六鸟书。在幡信上书端象鸟头者，则画之流也。颜光禄云：‘图载之意有三：一曰图理，卦象是也；二曰图识，字学是也；三曰图形，绘画是也。’又周官教国子以六书，其三曰象形，则画之意也。是故知书画异名而同体也。”借颜延之口，谈到了书、图、画同源问题。

虚的中介物，让画面保持完整，使所谓“散点透视”在技术上成为可能。

三、平行视觉逻辑框架

在插画中，情节依赖人物与周遭景物形成单元，景物（包括建筑、植物、山石、墙垣等）为情节提供边界，不同的情节—空间单元连缀起来形成画面。以下这一组空间语言，解决的就是不同情节—空间单元间相互关系的问题。我们不妨称之为“平行视觉逻辑框架”，是插画画面得以成立的关键因素。有了它，各种变形和位移可能引发的问题事先得到规避，从而保证了视觉戏法的顺利进行。其核心问题，就是一组彼此平行的空间界面，及相互之间的组织方式。

在一幅构图较复杂的插画中，总有大量外形规则的景物如建筑、家具等，为画面提供彼此平行的界面。画师据此采用一组平行线来组织构图，使情节—空间单元有所依据，为画面提供支撑。这不仅合乎传统城市空间的院落格局，也保证了画面的秩序感和层次感。如万历年间的《闺范图说》中《荆信公主》插画[15]，画面使用了正交的平行构图，图中建筑总有一个立面沿水平方向展开，其他立面则向其他方向倾斜。尽管有这

13

万历年间脉望馆校息机子《古今杂剧选》本中《望江亭中秋切鲙旦》插画。

出自：《中国古版画·人物卷》，第 2 页

14

万历本《新刻钟伯敬先生批评封神演义》第十一回《羑里城囚西伯侯》插画。

出自：《中国古代小说版画集成 五》，第 355 页

样的灵活，画面整体上依然保持着均衡统一，重要的关系都得到了充分的表达。在表现进深较大的院落空间时，也会出现斜向的平行构图，以便在较窄的画幅上排列一组层层递进的院落，同时避免前方建筑对后方的遮挡。如天许斋藏版本《古今小说》卷三十八《任孝子烈性为神》所配插画就基本遵循斜向的平行构图[16]。

在平行构图的基础上，可将两组倾斜方向不同、尺度差异巨大的情节—空间单元分隔开来，使观者不易察觉这些视觉逻辑上的冲突。分隔物可以是留白，也可以是其他景物。万历年间王氏香雪居的《新校注古本西厢记》“省简”一折的插画就是一个极好的例子[17]。画幅为两面连式，左侧画面轴测方向向左，上方游廊延伸进入右侧画面，其中张珙所在的房子进深方向则转向右侧。这两个轴测体系相交之处，被墙垣和繁茂的树木等不具有清晰的几何外形的事物隔开，避免了直接的视觉冲突。画面统一，布局合理。在明代插画中，画面左右部分的建筑分别向两侧倾斜的案例很常见，这样不仅使主要立面在画面居中位置得到完整呈现，与情节无关的侧面从图幅两边撇出，又可以使中部庭园尺度扩大，利于情节铺展。但更为简便的方法是直接留白来隔离不同情节—空间单元，如崇祯本《新刻绣像批评金瓶梅》一书《潘金莲激孙雪娥》章节插画[18]。

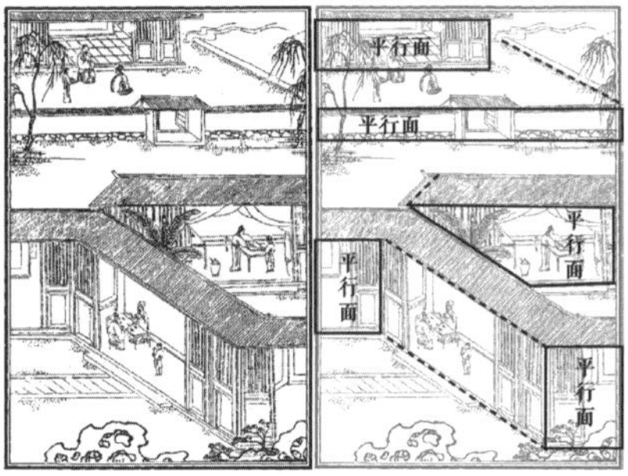

15

万历年间的《闺范图说》中《荆信公主》插画，分析图为王一同绘制。
出自：陈同滨《中国古代建筑大图典 上》，今日中国出版社，1996 年，第 663 页

16

天许斋藏版本《古今小说》卷三十八《任孝子烈性为神》插画，分析图为王一同绘制。
出自：《中国古代小说版画集成 五》，第 572 页

17
万历年间王氏香雪居的《新校注古本西厢记》“省简”一折的插画，分析图为王一同绘制。
出自：郑振铎编《中国版画史图录 二》，中国书店，2012年，第38-39页

18
崇祯本《新刻绣像批评金瓶梅》一书《潘金莲激孙雪娥》章节插画。
出自：《中国古代小说版画集成 六》，第897页

事实上，两组情节—空间单元若尺度差异不大，相互平行的界面即使前后交叠，也并不会造成视觉错乱。如天启年间兼善堂版《警世通言》卷二十《计押番金鳗产祸》插画 19，前后方房屋轴测方向不同，但可并置在一起。同理，两面连式印刷的万历年间香雪居版《元本出相北西厢记》“邀谢”一节所配插画中 20，张珙所住房屋与后方院落轴测方向并不相同，但正面彼此相接，整个画面毫无破绽。

平行构图法也是科学制图法如一点透视和轴测的基础。在最基本的构图框架层面，明代小说插画同样具有高度几何秩序特征，它严守着三维空间坐标系的底线，以一组彼此平行的垂直投影面展开画面，但仅此而已。

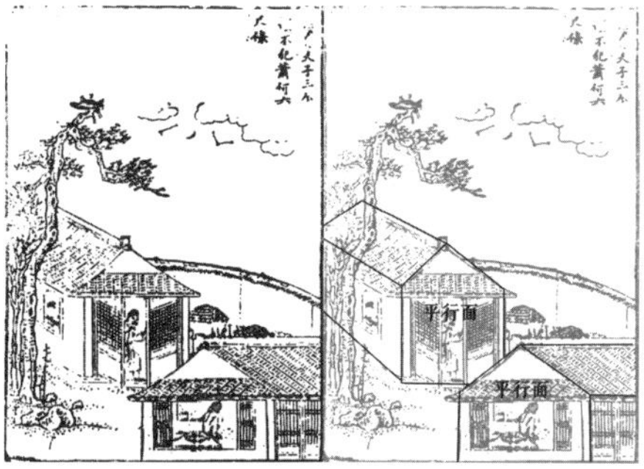

19
天启年间兼善堂版《警世通言》卷二十《计押番金鳗产祸》插画，分析图为王一同绘制。
出自：《中国古代小说版画集成 四》，第652页

20
万历年间香雪居版《元本出相北西厢记》“邀谢”一节所配插画。
出自：《明清刊〈西厢记〉版画考析》，第 12 页

在较复杂精致的插画中，画师唯一遵守的规则似乎就是平行构图法，将彼此分散的景物串联在一起，在抽象与具体、严格与随意之间维持着微妙的平衡，尽可能多地交代情节的同时，避免了视觉错乱与物形崩溃。几百年后的分析立体主义画家也曾试图寻找违反科学透视法的空间语言。如毕加索（Pablo Picasso）的《鲁瓦扬的咖啡馆》（*Café 'Royan*）即希望在同一画面中展现无法被同时看到的建筑侧面[21]，近处的咖啡馆和远处的楼房因而出现了类似明代版画的轴向扭转，然而画面中的物形和空间关系遭到了不同程度的破坏，对观者的视觉心理常识构成挑战。相比之下，图10中女棋童房间的画面则巧妙地避免了这个问题。

四、情节—空间单元与叙事图解

前文已对明代小说插画情节—空间单元进行了初步探讨。作为图面的基本构成元素，它时而独立成章，时而成组出现，依情节复杂度和画师的功力而定。鲁道夫·阿恩海姆（Rudolf Arnheim）在《艺术与视知觉》中曾提到

21
毕加索的《鲁瓦扬的咖啡馆》。
出自：《毕加索油画》，载于有画网，http://www.youhuaaa.com/page/painting/show.php?id=52335

“公共轮廓”问题，他认为绘画中享有公共轮廓的构图单元，都存在一种要求自我独立的倾向。[9] 这有助于我们理解明代插画空间经验背后的普遍的人类视觉心理习惯，但需要追问的是，到底是什么使这些看似稚拙的画作在空间语言上别具一格，对今天的我们又有着怎样的启示？

鉴于个别的情节—空间单元均可独立成章，我们不妨对其进行深入剖析。以《西厢记》刻本为例，以下四幅插画分别出自晚明万历到崇祯时期不同画工之手 22 — 25。画中情节都是“逾墙”这一单一场景。可以看出，无论简繁，画面中总是包含类似的构图要素，如三个主要人物：张珙、莺莺和红娘；景物则包括院墙、太湖石、香案和柳树。其中，院墙作为空间的边界既交代了内外关系，也引出张珙的行为；太湖石和香案确定了莺莺和红娘的位置，提供了幽会的舞台。这些内容在四幅画中反复出现，就像一些可重复使用的文字符号：画师可以对个别要素进行修正，改变尺寸和比例，调换位置，调整方位，局部放大或缩小，扭转变形，交代更多细节或更为简略……只要基本要素仍在，画面就可以被观者一眼认出，场景本身也就如同“逾墙”二字般传达一个特定的含义，使小说情节具象化。如果说一点透视的画面力求以第一人称视角将观者带入现场，明代插画则以第三人称视角将观者置于云端，去俯瞰一个由情节—空间单元连缀而成的图解世界。它所使用的造型语言，

[9]（美）阿恩海姆：《艺术与视知觉》，滕守尧、朱疆源译，四川人民出版社，1998 年，第 298 页。

22
万历《摘锦奇音》西厢记插画。
出自：《明清刊〈西厢记〉版画考析》，第44页

23
万历继志斋版《北西厢记》插画。
出自：《明清刊〈西厢记〉版画考析》，第25页

24
万历环翠堂版《西厢记》插画。
出自：《明清刊〈西厢记〉版画考析》，第45页

25
崇祯闵齐伋版《西厢记》插画。
出自：巫鸿《重屏——中国绘画的传媒与再现》，上海人民出版社，2009年，第227页

与其说是在描摹现实，不如说是营造了一个介于文字与图样之间的“半抽象”的符号世界。

很多策略类电子游戏提供视角的切换，以第一人称视角交代情节，以第三人称视角交代位置关系。如果游戏者希望了解主人公在虚拟世界里的位置或任务进展情况，就要切入一个高视点的轴测画面。轴测其实是“有高度的平面图”，一种说明性的图绘，或者一种图解。明代版画一贯提供类似的图解视角；但它同时又以关联并置、尺度缩放、变幻方位、画面拆解等看似漫不经心的手法取消了轴测图的理性原则，把轴测当成一种手段，而将情节—空间单元当成文字，进行结构谋篇。一幅精心安排的插画就是一篇文章，文字之间或留白、或交叠，并不遵循既定的语法规则和语意顺序，要在读者大脑中进行的图像—概念转换中获得意义。可以说，明代小说插画注重的是意义的传达而不是现实的刻画，在大体完整的物象世界里，松散地罗列着一个个彼此独立的情节—空间单元。图面的作用就是引导观者身临其境地漫游，它的灵活性保证了视觉戏法随叙事的需要而不断被发明出来。

我们是否可以认为，散点透视其实是一种类似于早期象形语言的“叙事图解”，它高度凝炼、言微旨远，在人的思维活动里，是一种介于文字和图形之间的对外在世界的“有限抽象”。它无意中遵循着特定的理性原则，如轴测制图法和平行构图关系，同时又不断突破规则而保持直面万物的生动新鲜。它只用线描，防止过度具象的形体刻画损害全局，同时又不断变换视点，将观者从云端拉入现场，随它在观念建构的世界里漫游。如果说明代版画所呈现的空间观念深植于传统智力构造的深层，那么它应该也参与了山水画、园林和其他艺术形式的语言建构，而其理性严格的一面，或许也预示着一种建立在高度抽象基础上的现代空间语言的转换，将在未来焕发生机。这也正是笔者所期待的。

2015 年

—

12 月 17 日

工具与房子：

关于建筑师工具自觉性的一次对谈[1]

于岛　　Y / J　　金秋野

[1] 本文原载《时代建筑》2019年第2期第56-59页。于岛，丘建筑设计事务所合伙人，建筑工房发起人。文字整理：王丹旸，建筑工房总管；杨锦涛，建筑工房助教。

一、虚拟模型与物理模型

Y　我们从金老师之前的建筑学求学经历开始吧。您读书时是怎样做模型的呢？

J　那是 20 世纪 90 年代中，国内比较先进的高校已经开始大量做模型了，我们（学校）做的较少。大学二年级时，做过一个研究室内的模型，和一个坡屋顶的小住宅（模型）。三年级时我们参加大学生建筑竞赛，当时没有别的竞赛，这个竞赛的结果会在《建筑师》刊登，每年仅十多人获奖，因此大家都很重视。那是我们第一次认真做一个模型。

Y　那个模型应该是一个成果模型吧？

J　对，是成果模型，表现了材质，请了专业的摄像师来拍照。但实际上，设计过程也有用素模推敲空间，那是第一次系统地从头到尾做建筑模型，也可能是唯一一次，因为四年级以后，大型的建筑课题都不做模型了。就我的经验来说，模型肯定是最优的研究建筑空间的工具之一。平面、立面，做来做去都是两张皮，和实际建筑的关联弱了些。但因为那时大家都还没有把模型看成一个重要的工具，所以就没有再深入接触。从三年级开始，也就是我们（在）做竞赛时，电脑开始普及。1998、1999 年时，人人都用电脑了，工具转变得特别快。大家都觉得，如果不接触电脑，将来就没有工作。

Y　电脑是用于 CAD 制图还是三维虚拟模型的制作？

J　虚拟模型。我们从四年级开始用 3dmax，后来也用犀牛的零点几版本。我自己还试过当时的渲染软件，都是初步的使用。那时还没有专业级的渲染引擎，才刚出现一些渲染插件，比如 Finalrender，现在已经被淘汰了。那时三维虚拟还处在比较原始的状态。

Y　对比这两种工具的使用，三维虚拟模型加渲染图的推敲方式，相比于用带有物质性的物理模型推敲，您觉得它们的不同在哪？

J　物理模型有不同的尺度和精度，电脑模型也一样。如今电脑模型发展到了 VR 时代，如果我们把足够的耐心投入进去，那么在视觉上可以无限接近真实，甚至达到乱真的程度。所以单从设计上说，电脑模型有它的前途。我感觉 VR 的前途很宽，AR 也一样。

而对于物理模型，最初的意图是从鸟瞰的视角瞬间看到方方面面。比例足够大的时候，也可以研究单个空间的实际效果和一些构造节点。1:1 的物理模型是无限接近真实的模型，其实就是实物。除此之外，一般的物理模型并不能反映真实的触觉。比如摸沙发时手的触觉，抱着沙发才能感受到的弧度，即使是用较大比例的模型也做不到。

Y　在金老师的课程设计中，有围绕模型“物质性”展开的训练吗？

J　有。一个课程练习是用混凝土来做空间构成，教学生如何制作模板，如何进行空间组织，如何浇筑出实际的空间。整个流程，包括混凝土浇筑，涉及一系列的问题。我们实验各种不同标号的混凝土材料，30 多号、40 多号、80 多号，等等。80 多号做完之后有点像塑料，特别光洁，24 小时就达到 80% 以上的强度，就基本上完成了。

Y　除了材料本身特性的研究，有涉及对混凝土工法的讨论吗？

J　当然。用不同的工法建造，肯定会影响最终的结果。混凝土材料有它的性格和质感，它的表面在凝固的过程里柔化，这种柔化我觉得特别重要，因为混凝土的生命痕迹就体现在模型浇铸的过程里，是一种过程的记录。像刘家琨的席子模板，王澍的竹子模板，浇筑的过程让混凝土出现视觉上的柔软感。而像安藤这样，把表面做得如此光洁，我觉得是把混凝土这个材料给抽象化了。

Y　嗯，通过工法，让材料从自己的本性中往外抽离。

J　是一种抽离。但事情并不是有一种一成不变的本质而孤立地存在，其实都是在环境中显现。我觉得材料是“相反相成”的，砖，如果跟钢铁放在一起，就是软的，如果和木头放在一起，就是硬的，材料是在互相比较里呈现自己。如果只是用贴图般的方式把房子做成一个从头到尾都一样的东西，技术上可能很厉害，可是往往缺少意义，现实中的房子不该被当成贴图来做。

二、片段与综合

Y　这让我想起了在瑞士教书的两位教授。在奥加蒂（Valerio Olgiati）的教学里，学期中方案的推进以线图为主，维持在一种相对抽象的状态。相比于模型呈现出的图像，基于技术图纸对空间的想象更被重视。最后评图前，学生会准备去物质的、抽象的白模型作为展示。这样的教学方式和他的建筑观有关。而对于卒姆托（Peter Zumthor），他并不愿意孤立地看待房子，而是像您提到的，希望房子能在环境中显现。所以他带的设计课会一直伴随不同比例的物理模型。对于学生来说，学期中的工作方法会很大地影响设计的最终走向，也决定了从中可能会学到什么。

J　当然了，在这点上，其实我自己是有倾向的，我对那种纯粹的抽象白模型还是……

Y　抵制？

J　谈不上抵制吧。我们做抽象的东西是为了让事情纯粹，但是，如果它最后变成审美目标，这样不行。抽象可以是工具，但不能把它当作目的。现代主义本身有一种抽象和减小的愿望，从头开始就有。柯布早年也有。

Y　绘画是柯布钟爱的工具，而且画得也比较抽象。

J　他早年的绘画相当抽象，但到了晚年受到让·杜波菲（Jean Dubuffet）的影响，他的线条好多地方不均匀、不抽象了。线条一旦不紧绷，不是一条直线了，变颤抖了，就已经生命化了。[1]

Y　柯布是一位很有想象力的建筑师，在创作中也借助过不同的工作方法，金老师怎么看这些不同的工具对于柯布的意义？

J　柯布比较偏爱绘画，我觉得对他来说可能草图大概是第一位的。因为

© ADAGP

1

风景三人组　让·杜布菲

他的方案都会勾大量的草图，而且好多都保留下来了。有些时候他的草图会有一个强烈的对应物，比如昌迪加尔需要画一头牛，他就画一头牛；而有些时候，他的草图是对实际世界的把握。[2–4]

其实我们今天从学校里面训练出的建筑师有一点不好，就是最先接触的工具是模型或者图纸。图纸非常不直观，把世界看成了一个三视图，这是有问题的。而模型，虽然是一个完整的东西，但当面对模型的时候，永远是在以上帝视角观看，这也会有很大的影响。当然模型不是不行，重要的是你得先知道模型反映出的空间原本的样子。柯布是这样来想象空间的：他在路上看到冷却塔，就把它按照尺度想象到他的房子里面。一瞬间他就知道，站在房子里面，塔上的屋顶、梁，底下的坡道会是什么样子。这都在他脑子里面。

Y　是一种基于人视点的空间经验。

J　是一个浑然体验的视点，这个体验是各种感官的综合。我一直认为建筑一定要综合，如果建筑师最后把这个事情变成分割的、分析的或者是抽象的，即使你懂得材料和构造，但已经没有资格再当建筑师。建筑师应该在一瞬间得到关于场景的直观经验，然后再想怎么去实现它。当然，这个想法的一个缺点就是有可能你会变成一个美术家，或者一个空间雕塑家，柯布有点这方面的问题。所以他的模型有的时候是为了实现他的理想而附加的一套实践方案，而并不是对建筑本身的推敲过程。有些更在乎内在感受而不是外壳形态的建筑师，从不做模型。[5–7]

Y　刚才提到了一种体验式的视点，人的直观感受有时是片段化的，而盖房子是一个整体。在金老师看来，体验式的工作方式，如何完成对建筑整体的控制？

J　所以，柯布会说平面是建筑的发生器。人在体验平面的时候是一种经

2—3
昌迪加尔草图　勒·柯布西耶

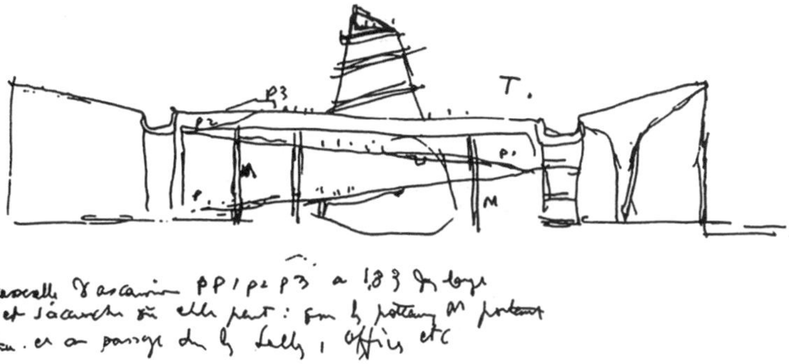

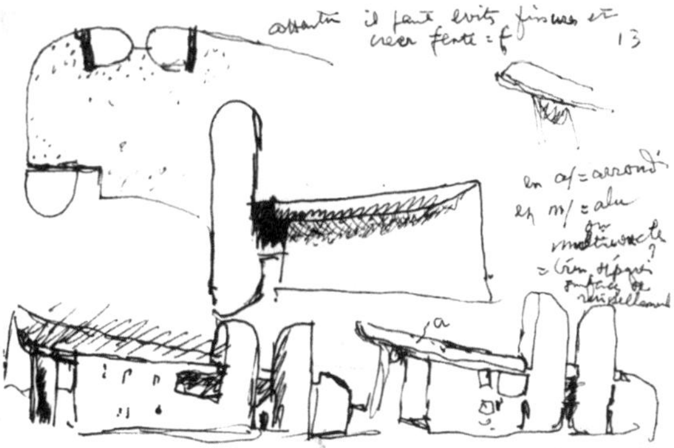

4
朗香教堂草图　勒·柯布西耶

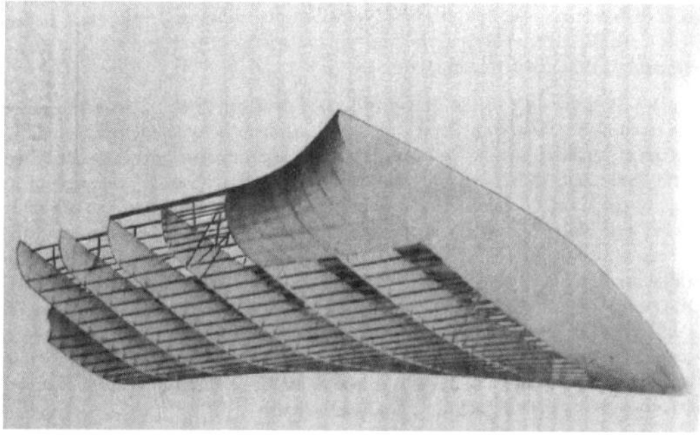

5—7

柯布西耶制作的朗香教堂模型。

图5、图6出自：Edward R. Ford. The Details of Modern Architecture: Volume 2: 1928 to 1988. The MIT Press, 1996.

验化的体验，绝不是用数学方法在分析平面。泡泡图不能取代平面，因为泡泡图无法生成浑然的体验。你知道平面是上下勾连、左右打开的，你面对的是一个多孔多窍的世界，而不是数学模型。数学是对的，但是它是抽象知识，我们可以从世界里面提炼出数学原理，但是世界不是用数学建构的。

Y　顺着关于片段和整体的话题往下谈，在高校里，有一种用定点式渲染图进行推敲的工作方法。比如在 ETH 的 Sik 教席，学生借助大幅的渲染图，通过几个重要视点进行反复推敲。金老师怎么看这样的工作方法？[8—9]

J　我觉得这个方法的渊源来自文艺复兴，是透视法发展的一个结果。

柯林·罗谈柯布时，一直在说柯布是用正面做东西的，为什么是正面？他说正面就直接能呈现内部、呈现空间的复杂性，比如一些立面背后的空间线索，会在正面上显露出来。但即使这样，也只是往前推了一步，因为还是用三视图在考虑事情。

这件事和笛卡尔关系挺大，是一种数学的眼睛。我觉得西方和中国的一个非常大的区别，在于他看一切都是一根直线的视线，这种视觉方式可以追溯到文艺复兴的透视线，所以会研究画法几何和阴影透视，这些都是直线视觉的结果。很多现代的尝试，都是在试图摆脱这个束缚，但结果并不理想。

三、笛卡尔坐标系与自然

Y　透视工具的发明，创造了某种空间的范式，但也在一定程度上禁锢了建筑师的想象力。

8—9

ETH Sik教席学生作业

图片来源 上：学生程博；下：学生李博

J 不仅仅是禁锢了建筑师的想象，还决定了这个世界的样态。从宏观上说，笛卡尔坐标系其实在很大程度上决定了现在世界的样子。城市里无数的方盒子建筑，笔直的街道，现在街区的形态，包括我们的审美追求，肯定都和它有关，这是一套体制，一种思维方式。

因为我们用三视图来看这个世界，所以这个世界里的东西也都是三视图生成的。家具是方的，机器也是方的，所以方形的房子也会更加适合我们。这是一个互相影响的结果，你用这个眼光看这个世界，这个世界里的东西就会呈现出一个相同的样貌来。所以可能在三视图出现之前，人的世界也不全然是现在这种矩形的笛卡尔式的。近期来看，利用典型如参数化之类的工具，盖出的房子显然就不一样，因为不再去做平立剖，这是决定性的。参数化设计并非生来必然是曲线造型，人们之所以选择曲线，一方面是夸大它的潜力，另一方面也是厌烦了笛卡尔世界的三维直角坐标系直接映射而成的物质空间。

Y 我们怎样对工具带来的限制更加自觉?

J 其实结果并不完全被实践工具决定。工具对人有束缚的前提是，其他的工具已经不在你的视线里。有的时候我们只要去看看别人做的事，也就知道自己的局限了。如果把某种方法或理论奉为圭臬，你受到的束缚就很大；如果同时看到历史和科技带来的未来，也能同样保持平常心，而不是图省事在自己心中树立一个神，受到的束缚可能会小一些。

但人会受制于一种时代工具。像平面图，或者三维建模，从更遥远的历史来看，它们都是来自笛卡尔体系的工具。甚至我们今天的3D打印、机械手臂，似乎已经不是笛卡尔坐标系的了，但最终生产时还要用它来描述每个点的位置。所以，这些并没有真正地摆脱传统，反而成了对传统的揭示。

所以我自己认为3D打印是一种“复杂”，不是“复杂性”。“复杂性”本身在视觉上绝对不只是这种复杂的状态。我觉得中国人在讲某两种事物之间的关系的时候，是在描述一种更高级别的“复杂性”，《易经》里面也谈到这个问题。为什么 Internet 叫做 Internet，那些点和点之间，永远都在建立一种复杂性关联。我觉得它更拓扑，更像是古时候人们欣赏的那种“允执厥中”的状态，永远都处在一种“之间”的状态，可以生出很多突触，像神经一样，而不是一个线性系统。

Y　一种接近自然的秩序。

J　是一种接近于自然的秩序，因为你没有办法达到它，那么就顺应它。你在顺应它的时候，也会借它的一部分秩序，让自己变得更加丰富，复杂性也就呈现出来。

那些沿自然地形生成的建筑或城市，或是我们的园林，它们在地形表面顺势而成，是一种新的拓扑关系，实际上从一开始就摆脱了三维坐标系，它们是更自然的，我想强调的就是一种自然状态。自然是包容一切的，是最高级的造物，至少我们看不到比它更高级的。那么自然本身的形态应该是我们追求的，非常美好。成熟的文明会更欣赏自然的状态，创造不出来就顺应它，它会给你带来很多。控制的级别决定了艺术的深度。

Y　我想您说的接近自然的秩序，并非是指简单的在形态上的拓扑关系。

J　和弧形、折线这些形态都没有关系，一个正方形也可以是非常自然的，一定要记住这一点。巴瓦懂得顺应自然，哪怕是一张白纸，也会去顺应它，激发它，并同时实现他所想的目的。我觉得顺应并不意味着有什么我就接受什么，而是把原始条件具有的“势”释放出来的点睛能力。一个熙熙攘攘的街市，其实就是一个自然状态，在我们不去用数字理性控制它的时候，一切都挺好的。[10]

Y 当我们借助笛卡尔坐标系的思维工具来控制时，就一定会和自然冲撞吗？

J 当然不是，笛卡尔坐标系也是从自然里抽象出来的。我觉得问题是有些人把这种思维工具树立为神，教育变成神学，学校成了神学院。我们一直以为有一个理念的世界，有一个概念的形态，有一个完美的几

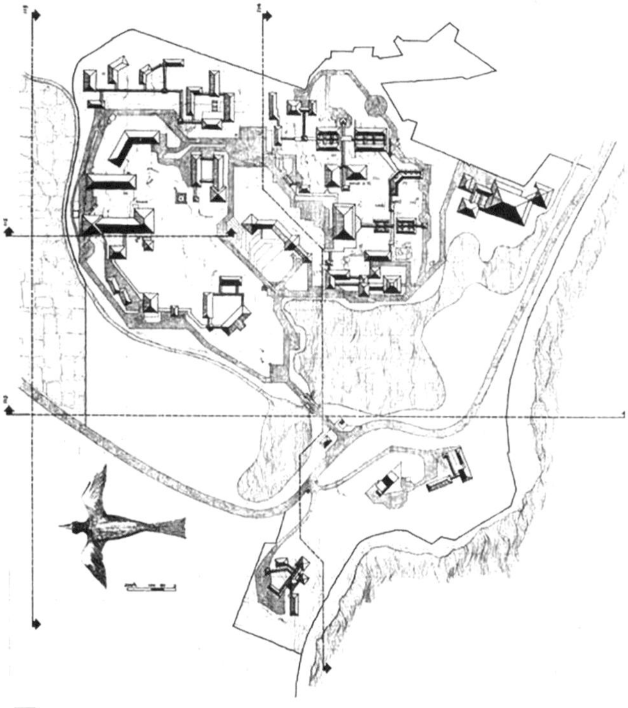

10
鲁胡努大学总平面图
杰弗里 · 巴瓦

何，有一个数学的神。人们不再相信不完美才是真相，才是多样性的根源，这是一个哲学问题。

Y　嗯，比工具思维更上层的，是建筑师对思维工具的自觉。

J　是的。听说 OMA 或是 HdM 这样的事务所，一个方案有时会做上百个模型，疯狂地以一种筛选式的方式来做方案。如果说方案有自己的环境意图的话，我尤其不太相信用图解（diagram），或者是用筛选式的方法来做设计，这个比较违反事情的本来面貌。你可以取舍，但建筑师不能真把自己当上帝，直接生成上百种形式，建筑师再做“神”去选。这是人工进化，不是自然选择。

四、草图中的“神性”

Y　您觉得“自然选择”该怎么介入我们的工作?

J　不要太相信数学方法或是统计方法这类东西，而是应该有一些直觉的把握。我倒是更倾向柯布的做法，他是根据自己的感受，绘画出草图，我觉得这样的草图里面会有自然。其实，你在忠于自己的想法之前，就在一大堆罗列出的方案里面进行选择，这个选择的过程其实相当不亲近，与世界不亲近。

Y　您认为与自然更亲近的工作方式是草图?

J　草图可能是最好的方式，草图里有自然。你对场地的理解形成草图时，如果从真正的设计深度来讲，已经奠定了设计的很大一部分基础，甚至达到了 60%。草图不止是站在人视点勾勒的三维视图，而是一切用手画下来的记录感觉的线，可以是非常粗糙的线条。我不太能够接受的一种方式是，房子像是工业产品，这儿也放，那儿也放，这样的建筑物不是具体的，没有响应周遭条件而发生进化，是对环境不加考虑的结果。它们似乎想说，这个世界已经标准化到没有必要进行现场感受的地步了。

Y　用草图捕捉到的这 60%，您觉得具体是指什么?

J　我觉得是一种场地之间的“势”。很难把它变成语言，因为定义一出来，复杂性就衰减，进行解释会让事物变得不再综合，变成一种分崩离析的状态。而这 60% 是综合的，里面包含了地势、地形、地貌、植被、空间密度、人们的活动方式，还有你自己的意图。无论是用大屋顶覆盖起来，还是用一些白盒子去组合，我觉得建筑师是在通过一个方法去解决问题，但绝不是一个具体的问题，也不是一系列分析的问题，而是一个综合的问题。建筑师获得那种大的意象，那种脑海里朦胧远观的创造，虽然以草图的方式画在扁平的二维纸面上，但是它本身具有很多维度，它包含了一些太初的东西，无法用语言描述，或者说这是一个“前语言”阶段，一旦画成工程图，就会完全地抽象化，信息量大大萎缩。

Y　嗯，重要的是，这种和场地之间的亲密关系，落在了一种图示语言上，不再是试图从事物外部进行描述的人类的语言。

J　对，我一直在想中国文化中一再强调的“势”和“机”。建筑师和场地之间，在最初那一刻绝不是“静观”，是真的在和场地舞蹈般地对话。这种“势”并不在现场，而是在向前发展的变化中，建筑师是借着房子，把“势”往前推。

无论新建还是改造，一定是顺“势”去做，不可能逆着它。笛卡尔坐标系有一个问题在于经常逆“势”。芝加哥的规划是，看着山了，铲平。因为它有一套自己的系统，从一个逻辑出发，推导越来越密集，通过演绎的方式，最终成为自明的体系。埃森曼的方法是这套方法的一个极致状态，他希望抽离、剥离、自发、自明，完全与周围的世界割裂。

Y　所以埃森曼才会选择用平立剖和轴测图来描述他的房子。

J　因为轴测图是一种描述自身现实的数学，相比之下，连透视图都是主观的。

五、工具与视野（过程路径与终点视野）

Y　我们回到现实中具体的场地。在建筑师借助草图或其他方法确定场地策略后，到方案落地之前，还有一段漫长的发展和迭代的过程。在这个过程里，二维的图示或局部的意图需要转译成三维的架构，处理结构性的问题。这时就仁者见仁，智者见智。因为方案的发展和迭代需要经验，也需要想象力。这部分工作对于作品的落地同样是决定性的。

J　模型的重要性出现在这个阶段。但是这个时候的模型还是被提炼和选择的，我觉得也没有必要做到构造节点的深度，因为空间可以被提炼，但建造无法被抽象，实物就是实物。但我想强调的是，在这个过程里，一个终点视野是决定性的。使用的工具一样，意图可以完全不一样；而围绕一种明晰的意图，用什么工具都会走向那个方向。[11]

Y　人可以凭借一种终点视野超越工具思维在过程中的局限吗?

J　是这样的。高迪就是能在一定程度上抽离于时代知识框架的人。他用模型来推敲，用悬链线来赋形，这个工具来自之前那些加泰罗尼亚的

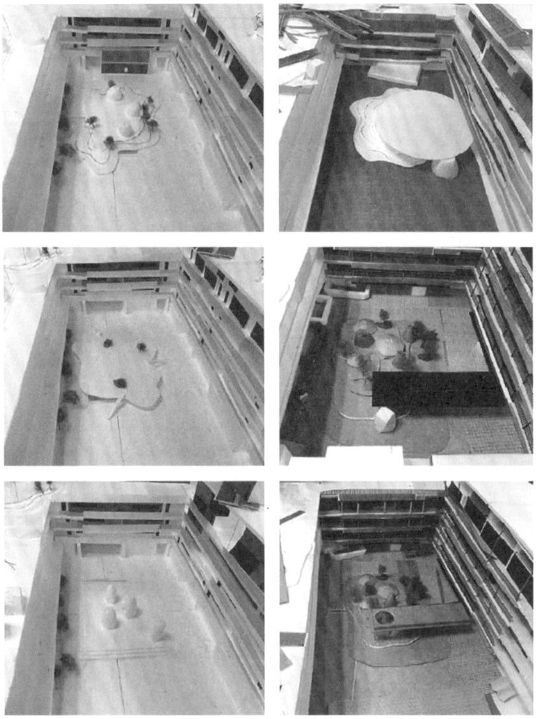

11
模型工作过程，建筑工房第三期

建筑师们。但高迪比他们往前走了一步，因为他有一种更宏观的内观视野，他的房子不是“正面的”，不是笛卡尔化的，这一点是他和别人不一样的地方。

新发明出来的工具，的确可能会改变我们看待世界的角度。但是反过来讲，新的工具可能产生于一种视野的变化，进而让我们从传统里去寻找与之前不一样的视角。工具的选择首先来自一种美学的政治意图。在《肌肤之目》里，帕拉斯玛想设法摆脱笛卡尔坐标系带来的局限，他举了阿尔托的例子，希望让感官回来。但我觉得这不是根本问题，如果人看待世界的角度不变，制造的方式不变，就会一直困在这种体系里，无法摆脱。

我想说的是，模型的确是很重要的工具，但对模型本身也不要过分执着，还是要有更宏观的目标。有时候可以想得更多一些，视野可以放到更大，在建筑以外的更多领域里，不要有成见，不要觉得这个东西太没有意思、太过时。看待一切都没有分别心时，你才能真正见识到属于未来的东西。

Y　是的，上次给金老师看了建筑工房的往期成果，工房的教学并不是只围绕模型本身展开，而是希望探讨建筑师不同的工作方法和设计之间动态的关系。工具之间是平等的，应该让各种工具出现在正确的位置，帮助建筑师实现意图。然而建立方法意识的过程，并不是一蹴而就的，需要通过反复的练习，让工具内化成身体的一部分，这样才能忘记工具本身。像您刚才所说，在某一时刻，建筑师通过草图捕捉到与场地之间的亲密关系，再有意识地通过恰当的方法，进行忠实的转译。[12]

J　是的，方法和意图同样重要。我想强调的是，在借助工具时，千万不要放弃和世界对话的过程。如果建筑师对话的方式只是通过所谓的工具来完成，我觉得非常间接，重要的是用自己的感受力和世界对话，而不是通过同声传译，或是一个留声机。但就语言工具本身的限制来说，我们多数人实际上还是在留声机的状态。

有一次在课上，一个学生在中途质疑我，说我们浇这个混凝土干嘛呢，我们有这个时间去学学软件，学学 Rhino 该多好。在他心里面，肯定觉得最新的工具就是最好的，而在我心里面，历史上所有的工具都一样。我年轻的时候，觉得最新的就是最好的，年长一点，觉得实际上世界就没有变化。每个时代的人面对面前那点事，都会把它当真，当成他的一切。如果看到这点的话，时间就被消解了，那么就会看到

12
模型工作成果，建筑工房第三期

事物的真正价值所在。建筑师在做事情的时候，不要被眼前这点事情给限制住了，不要以为眼前就是一切。

我能理解你们的教学，你们用心地去研究和传播一种工作方法，然后自己也从中得到一些心得，这是一种规划，也是和现实肉搏的过程。我想建筑师还是要肉搏的，只要和世界的交流是具体的，那么“自然”就还在。我们今天的思维模式太僵化了，如果每件事情都更加具体些，和真实的世界谈一场恋爱，就会有意思很多。

景观与建筑设计中的语言[1]

请问您如何看待建筑与景观、人与自然的关系？

这是一个极其巨大的问题，人和自然的关系是根本的。人之所以为人，是因为人可以使用工具。现在我们的交流基本都在借助工具，比如眼镜、镜头，可以说，从人成为人开始，身体的“工具化”过程就从未停止过。同时，机器和人的双向交流过程一直在加深，界线也越来越模糊，工具、机器已经越来越人性化，拥有越来越强大的感知和反应能力，成为人工智能。人和客观世界之间的鸿沟在逐渐抹平。

反过来谈建筑与景观，东方的传统建筑与景观就是身体的延伸，它们

[1] 本文原载《景观设计学》2017 年第 12 期第 48-55 页。采访：佘依爽，田晓劼，王楠。被访者：金秋野。整理：佘依爽，田晓劼，田乐。译：田乐。

一层层地与自然产生联系，没有确定的边界。人在开着门窗的房子里，墙上挂着山水图，案头摆着盆景，屋外有园林，远望有山，每层都是人与环境的直接关照和交流，这是文化符号的交流、身体的交流和知觉的交流。建筑塑造了不同的身体层次，成为身体与自然的中介。建筑师的实践实际上建立起了人与物质世界之间的交流。

那究竟什么是自然？在哲学层面，自然是大化流行，是运转，是变化。原始的刀耕火种比传统的手工艺技法更“自然”，而今天的怀旧者却只懂捍卫手工技法。必须认识到，今天的工具、机器冰冷而缺乏生气，这种“异物感”[2]是工具、机器比较低级的状态，早晚有一天它们可以像我们的身体一样，经过时间和系统的筛选成为“自然”变化的结果，成为身体直接的延伸，这是不可避免的趋势。

在您看来，景观评论和建筑评论是否有异同?

建筑是物质的，最终总会消失，但文字会传留。我从来不认为建筑评论是一种专门的评论，其形成是因为在建筑领域里有一群人一直在非常认真地把自己的感想整理成理论化的语言。每个人都有感想，但不一定能成为评论，如果感想被理智化了，成为可传达的观点，它就成了评论。

您认为好的建筑评论是什么样的?

我在《建筑学报》上发表的《建筑评论的文体问题》[3]说得很清楚，好的建筑评论观点清晰，文字好，没有套路化，且不是传统意义上的建筑专业评论。千万不要给建筑评论设定一个文体。评论是一种文学形式，技巧是不能教的，是需要非常敏锐的感受力以及很好的语言能力来展现的。现在的研究太讲客观，分析到最后就会很干涩，论据很充分，注释也非常清楚，但

[2] 异物感是指当今人造环境的抽象化和去自然化给人造成的总体感觉。

[3] 金秋野. 建筑评论的文体问题 [J]. 建筑学报, 2017(8):112-113.

最后的观点不是一个整体，被肢解得不得了。我一直强调评论需要一个完整的生命意识，要有自己的是非观和感想，用真情实感让文章活起来。

其实，真正的批评家是时间，就像世界上曾存在无数的物种，但最后经过时间考验留存下来的只是很小的一部分，一切传播的东西都要被时间检验。人类过滤无关信息的能力非常强，时间会把没有生命力的东西全部淘汰。

您曾经说过评论在某种程度上就是赞同和认可，所以要把评论的力气花在好作品上[4]。那么您如何判定基于不同价值观、不同理解层面的“好”？

这是我引用文学家黄灿然的一句话，是非常讨巧的。除了指出好的设计之外，评论还有另一个作用，就是能够把别人都说好的东西，说清楚它为什么不好。很多垃圾是以非常美好的面貌出现的，评论的任务之一就是把“垃圾”识别出来，用清晰的语言说明，然后把它剔除掉，这个事很难。

虽然“好”的标准非常多元化，但从历史上看，这些标准还是相对客观和统一的。在中国，一提诗词，我们就会想到李白、杜甫、白居易、苏轼，是这些人定义了诗歌，定义了我们的思维。每个人心里都住着李白和苏轼。诗人拓展语言，哲学家守护思维，诗人是前锋，哲学家是后卫，每个艺术领域的发展都靠这两类人。所以，好的诗人、艺术家、评论者实际上是在一个大的历史语言里面去进行选择和判断，而非凭空做事。好的作品在选择定位的同时也在抗衡，在抗衡中找到新的生命力，加之时间的洗礼，留下来的就形成了历史坐标轴中新的参考系，也就成了“好”。所以，好的建筑师心里一定是有一部建筑史的。评论者在选择立场或者态度的时候，实际上也带着评论者自身的历史意识和对时间的理解。

您发表了很多关于勒·柯布西耶和阿尔瓦·阿尔托的翻译著作和理论评价，您的建筑价值观是否以他们为参照？您最近翻译出版的《勒·柯

[4] 金秋野. 寻找诚实面对现实的建筑批评语言. 世界建筑, 2014（8）: 80-81.

布西耶：为现代而生》[5] 是否可以解读为对经典的致敬，同时期待读者的深入解读？

金： 20 世纪初期，很多重要的建筑师提出问题，并尝试用设计来回答自己的困惑，给我们提供了很多看问题的视角。虽然有些现代的问题他们没有遇到，比如空气污染，但阿尔瓦·阿尔托对人和自然的关系进行了很多思

1

勒·柯布西耶设计的巴黎大学城巴西学生公寓的入口大厅。图中可见连续起伏的地面和屋顶，以及明暗环境的不断转换。柯布西耶晚年一直在探讨身体与建筑的关系，探讨得之于自然的直接经验如何通过现代建筑加以表达

[5] 安东尼·弗林特. 勒·柯布西耶：为现代而生 [M]. 金秋野，王欣，译. 上海：同济大学出版社，2017.

2

阿尔瓦·阿尔托设计的位于芬兰伊马特拉的伏克赛尼斯卡教堂。这个教堂非线性的体量体现了阿尔托晚年比较关注的问题：自然到底是什么？工业化的局限是什么？自然如何通过设计语言体现出来？

3

阿尔瓦·阿尔托设计的珊那特塞罗市政厅二层庭院台阶入口

4

阿尔托自宅起居室

考，一直在寻找平衡，他的思考和设计实际已经包含着解答。

我把《勒·柯布西耶：为现代而生》定位为畅销书，初衷是想让大众知道这个人很重要。大家都知道达利、毕加索、柴可夫斯基等现代艺术大师，但是少有人知道勒·柯布西耶。建筑界对大众发言的愿望还是太少，力度还是太小。所以我选了关于勒·柯布西耶可读性最强的传记进行翻译。书里讲了很多勒·柯布西耶本人的性格和他为人处事的方法，甚至对他进行了心理分析，通过这些可以看到他的真实性。勒·柯布西耶认为应该用最少的物质做最精美的小空间，他把房子当成个人物品和身体的延伸来思考，一直在讲节制和美的关系，其实对自然和环境是非常有贡献的。这个观点我非常认同。

好的作品往往源于创造者主动地加入了很多思考，让作品有了无数的解读角度——并不是只有专家才能解读，而是任何人都可以去体会。设计师是一个人，他在世间行走，接受刺激、被触动、产生感想，这些都被带入设计里，而非体现在理论中。好的设计师一定是勤于思考的人，一定是对历史、对自己、对时代高度敏感的人。所以他每一次设计都带着问题，自设问题，自作解答。大师作品里往往蕴含着深厚的思考，以及广阔的“言外之意”。现在中国建筑师在作品里蕴含的自然、人文、社会、技术等方面的内容也已经越来越多，包括对技术的反思、对自身的认识、对现实的观察和对传统的探求，因而其作品也变得越来越丰满。

我们发现用于传播的建筑图像更侧重于展示空间设计本身，如尺度、材料细节、节点等，较少出现人；而用于传播的景观图像则基本都会体现“人”的参与，通过人的尺度呈现场地的使用。您如何评价这种区别？

金：如果景观能主动把“人”加入其中，在传播上是高明的，这也是非知识系统化的一个原始状态，这一点非常好。建筑师为什么不这样？建筑师把建筑当成一个模型、一张图像，即使出现几个人也是配景，有时故意把人模糊掉或做成半透明，尽量不影响建筑本身的纯净，要四壁皆白。建筑师拍摄建筑的时候爱用冷调，因为冷调比较酷，比较理性，取景的线条也都是直的，这成了一个“基本标准”。这就是我在《异物感》[6] 里批判的把审美工具化、分析化，审美成为一种分析思维的表达，表达那种被剥离得干干净净的状态，这是建筑界的一个大问题。除了用尺规去看世界以外，建筑师已经忘了如何以人的眼睛来看建筑，建筑审美被图像和建筑模型反向引导，不是照片模仿建筑，而是建筑模仿照片，模仿渲染图。

您如何看待目前地产行业中人们对于商业化景观模式浪潮的认可，比如新中式、Art Deco 之类的风格？

金：任何一个时代都有各种东西——最原创、次原创、大众化、末流——这些事物互相印证。如果到处都是极高等级的艺术，人人都是毕加索，我们就根本不需要批评，也不需要艺术了。人间就是天堂，其实也就是地狱。我觉得这些事物等闲视之就可以了，没有必要去批判它，因为它们并没有达到被批评的文化层次，批评关注的也不是这些内容。

在您看来，是否需要训练设计师的文字表达能力，培养其建立理论思维体系，以使其更具独立思考和批判的意识？

金：我在教学过程中感受到，真正好的建筑师，其设计过程是从视觉到视觉的。外部世界的有益信息以图像的方式进入他的脑海，然后在另一个空间里以另一种图像的方式呈现。我想建筑评论和建筑理论的作用不在于教设计师用理论思维来思考问题。就像在设计课上，我尽量少用语言来描述设计方法，用语言来描述感受总是隔靴搔痒，是次生的；感受应该是从眼睛到眼睛，设计思维要处于视觉的流动状态。如果做设计的时候总是想着如何去

[6] 金秋野. 异物感 [M]. 上海：同济大学出版社，2017.

描述它，那就不可能做出好的设计来。

但设计也需要被描述，只有被描述了才可以成为历史的一部分，因为知识是用语言来传递的。反过来建筑师在思考设计问题时，他脑子里也有文字。我们的思想是用语言来建构的，当你的语言拓展了，你就能够想象原来所想象不到的事物，世界就扩大了。世界比语言所描绘的大得多，我们眼里的世界被语言限制着，好在它的边界一直在拓展。尽管在哲学意义上人类世界的一切皆语言，但建筑师永远都要有超越文字的能力，不断使建筑的形式语言突破文字的界限。

图书在版编目（CIP）数据

花园里的花园 / 金秋野著 . -- 上海 ：同济大学出版社，2020.1
（当代建筑思想评论 / 金秋野主编）
ISBN 978-7-5608-8786-9

Ⅰ．①花… Ⅱ．①金… Ⅲ．①建筑学－文集 Ⅳ．①TU-53

中国版本图书馆 CIP 数据核字（2019）第 245270 号

花园里的花园

金秋野 著

出版人 华春荣
策　划 秦蕾 / 群岛工作室
责任编辑 李　争
责任校对 徐逢乔
装帧设计 吴　倩　付　超

本书由未来城市设计高精尖创新中心 2019 年度重点课题：基于城市功能混合视角的城市活力空间营造研究（UDC2019010921），北京建筑大学未来城市设计高精尖创新中心资助

版　次 2020 年 1 月第 1 版
印　次 2020 年 1 月第 1 次印刷
印　刷 联城印刷（北京）有限公司
开　本 787mm × 1194mm 1/16
印　张 11.25
字　数 225 000

书　号 ISBN 978-7-5608-8786-9
定　价 88.00 元

出版发行 同济大学出版社
地　址 上海市杨浦区四平路 1239 号
邮政编码 200092
网　址 http://www.tongjipress.com.cn
经　销 全国各地新华书店

光明城联系方式 info@luminocity.cn

luminocity.cn

光明城

LUMINOCITY

“光明城”是同济大学出版社城市、建筑、设计专业出版品牌，由群岛工作室负责策划及出版，致力以更新的出版理念、更敏锐的视角、更积极的态度，回应今天中国城市、建筑与设计领域的问题。